城市交通规划设计与路桥工程建设

周德胜　李衍胜　王　伟　主编

吉林科学技术出版社

图书在版编目（CIP）数据

城市交通规划设计与路桥工程建设 / 周德胜，李衍胜，王伟主编 . -- 长春 : 吉林科学技术出版社，2022.5
ISBN 978-7-5578-9290-6

Ⅰ . ①城… Ⅱ . ①周… ②李… ③王… Ⅲ . ①城市规划—交通规划②道路施工③桥梁施工 Ⅳ . ① TU984.191 ② U415 ③ U445

中国版本图书馆 CIP 数据核字 (2022) 第 072794 号

城市交通规划设计与路桥工程建设

主　　编　周德胜　李衍胜　王　伟
出 版 人　宛　霞
责任编辑　王明玲
封面设计　姜乐瑶
制　　版　姜乐瑶
幅面尺寸　170mm × 240mm　1/16
字　　数　120 千字
页　　数　114
印　　张　7.25
印　　数　1-1500 册
版　　次　2022 年 5 月第 1 版
印　　次　2023 年 3 月第 1 次印刷

出　　版　吉林科学技术出版社
发　　行　吉林科学技术出版社
地　　址　长春市净月区福祉大路 5788 号
邮　　编　130118
发行部电话 / 传真　0431-81629529　81629530　81629531
　　　　　　　　　81629532　81629533　81629534
储运部电话　0431-86059116
编辑部电话　0431-81629518
印　　刷　三河市嵩川印刷有限公司

书　　号　ISBN 978-7-5578-9290-6
定　　价　38.00 元

编委会

前言

近年来，和人们生活密切相关的城市客运交通系统有了长足的发展，出现了如磁悬浮、水上巴士等新型客运交通方式，小汽车走入家庭的浪潮势不可当，人们面临一个便捷化、信息化、人性化要求不断提高的城市客运交通系统。随着我国城市化水平的提高和机动化进程的迅猛发展，交通需求不断增长和交通设施供应滞后之间的矛盾成为我国城市交通发展的主要矛盾。为缓解城市交通发展的困境，许多城市开始规划、建设以大容量的轨道交通为骨干、地面公交协调发展的多元化、多层次、立体化的城市客运交通网络。

随着我国城市道路工程建设的飞速发展，城市道路工程建设的职工队伍在不断扩大，其他行业的人员也加入到城市道路工程建设中来，从业人员的技术素质和业务能力参差不齐。本书在写作过程中所采用的是我国目前新颁布、实施的国家及行业有关城市道路工程的技术标准、规范、规程，并借鉴了笔者自身工作的实践经验，力求理论结合实际，系统全面地阐述城市道路施工相关内容。

本书首先介绍了城市交通规划设计与市政道路工程质量管理基本知识，然后详细阐述了轨道交通系统规划、城镇道路施工技术等相关内容，以适应城市交通规划设计与路桥工程建设的发展现状和趋势。

本书突出了基本概念与基本原理，笔者在写作时尝试多方面知识的融会贯通，注重知识层次递进，同时注重理论与实践的结合。

由于笔者水平有限，书中的错误和不足之处在所难免，敬希读者批评指正。

目录

第一章　城市客运交通系统的结构与特征

第一节　城市客运交通发展的外部因素

一、城市人口密度与用地结构

城市人口密度为单位面积的人口数，常用单位为万人/km^2或人/hm^2。城市规模越大，人口密度相应越高。我国城市人均建设用地100m^2左右，但大城市中心区人均用地仅40～50m^2。

客运交通系统的结构与城市的布局形态、人口规模和人口密度、城市用地结构有关。较高的人口密度有利于公共交通的发展。

（一）单一的用地结构

单一的用地结构是指城市各类用地在空间上的分离，如大部分北美城市集聚了大量工作岗位的中心商务区（CBD，Central Business District）和制造业集中的工业区，而大量人口的居住分布在郊区。这种城市用地结构导致长距离出行和明显的“潮汐”交通，不利于客运系统的设计和组织。

（二）混合的用地结构

早前中国城市的大部分企业就近建造附属的住宅区，降低了居民的平均出行距离。各类用地在空间上混杂在一起，对居住环境可能会有不利的影响，但在出行上可能是经济的。特别是人口密度较高的情况下，有利于公共交通的发展和自行车的使用。

二、城市布局形态

城市布局是指城市的物质实体在地域空间上的投影，具体表现为人口布局、岗位分布、经济产业布局、土地功能布局以及交通形式结构等。

交通系统和交通模式在很大程度上决定了城市形态，城市发展与公共交通系统建设的相互关系大致有4种典型形式。

（一）公共交通系统引导城市发展的模式

即城市跟随公共交通系统的发展，典型的城市如斯德哥尔摩、哥本哈根、东京和新加坡。这是一些以公交为主的城市，它们投资于轨道交通来引导城市扩大，其目的是取得更大的社会效益，如保护空地、在以铁路为连接的社区提供负担得起的住房。所有密集的、多用途的近郊社区和新城镇都集中在轨道站点的周围，由轨道线连接外围社区和中心商业区。在轨道站点的周围建设比较密集的、多用途的社区和城镇，即所谓面向公共交通的土地开发模式（TOD，Transit Oriented Development）。理想的布局是把主要的中心商业区与外围社区、城市副中心通过铁路线连接起来。从流动性角度来看，铁路站点周围地区的集聚发展和沿射线出行使得这种布局的通行效率很高。正是由于大型中心商业区、外围铁路站点周围地区的多用途集中发展和引起双向平衡流动的长运距放射线路这三者的结合，才完整地组成了这种以铁路为导向的适应型交通模式。

斯德哥尔摩的城市布局就是沿着铁路发展。由于轨道交通的建设，斯德哥尔摩形成大量依托铁路服务的卫星城镇。

传统的单中心布局形态往往导致交通拥挤，通过建设新的客运交通系统，如大运量快速轨道交通系统，是大城市发展多中心、多元结构，调整和采取新的城市布局形态，从而改善城市结构的重要措施。上海建设的4个城市副中心、11个新城，也必须通过快速交通系统缩短时空距离，才能达到疏解中心城区、缓解和预防交通拥挤的目的。

（二）公共交通系统适应城市发展的模式

即通过公共交通的改善，适应城市的发展需求。通常是针对一些人口密度较低的城市，通过公共交通服务水平的提高，增强公共交通的竞争能力。这些城市

以大多数人可以接受的、低密度的方式发展，并努力寻求合适的公交服务和新技术、调整和重新布局公交设施来更好地服务于这种环境。典型的城市有德国的卡尔斯鲁厄、澳大利亚的墨尔本。

过去几十年，很多城市出现了工作和零售业向郊区分散的非集中化趋势，使跨城镇出行急剧增加。越来越多的上班族选择沿城市的环线出行，而不是沿郊区和中心商业区之间划定的辐射路线出行。

适应型公交通常有3种类型。第一种类型是以技术为基础来改善公共交通服务，如最先出现在德国Essen，后来在澳大利亚Adelaide得到了较多推广的有轨巴士，也称为O-Bahn，其导轮可以引导车辆沿专用轨道高速、高效地行驶，这些轨道一般沿着主要的干线通道修建。第二种类型包括显著减少等待时间和换乘服务改革，如加拿大的埃德蒙顿和卡尔加里的限时换乘系统。在埃德蒙顿，除了在主要的商业区终点处之外，所有公交设施都被重新安排在二十几个交通中心的周围，形成覆盖城市的纵向和横向相结合的交叉线网。第三种类型包括弹性路线和辅助交通设施的使用，如穿梭巴士、小型公共汽车和电话叫车等，可提供门到门或节省步行距离的服务。

具有代表性的城市是墨西哥市。由政府和私人投资共同建立的地铁、巴士和辅助客运系统很好地适应了墨西哥市的城市发展，自由竞争的辅助客运系统对于连接区域内的干线地铁和干线巴士起到了重要作用。在墨西哥市等级化的交通系统中，处于系统最顶层的是178km长的地铁系统，该地铁系统在城市中心区纵横分布，连接主要的客流生成点和吸引点，是世界上最繁忙的地铁系统之一。中层连接系统包括无轨电车、轻轨和使用柴油的巴士，也提供一部分干线交通服务，同时具有为地铁提供长距离集散旅客服务的功能。在这个交通系统中，还有线网分布广泛、服务机动灵活的由私人拥有和运营的辅助客运系统，包括轿车（微型车）、小型巴士和中巴，这一服务层次承运的旅客出行份额最大，主要起集散地铁旅客的作用，同时也为其他如城市外围的贫民区提供交通服务，管理辅助客运系统的线路协会负责制定运营规程和提高辅助客运系统的收益。墨西哥市等级化的交通系统对解决城市的交通问题具有多方面的优点，比如很好地弥补了该市发展不很健全的道路系统。由放射状干线地铁线路和辅助客运系统构成的支线集散服务适应了向外扩展、多中心的城市发展模式，这样的交通服务对于减缓中心区的交通压力、维护中心区繁荣是有利的。墨西哥市由地铁衔接交通和辅助客运系统组成的多层次交通运输网络体系，对于抑制机动车出行、保证一定的出行需求是非常重要的。

（三）以公交和中心城复兴为标志的强核心城市

苏黎世和墨尔本最引人注目的交通成就是把改进铁路交通和努力复兴中心城区这二者紧密地结合起来。苏黎世以公交优先的政策创造了第一流的公交系统：它们以电车和轻轨系统结合的车站为中心，在其周围提供集中的公交设施。在这些区域，有轨电车被设计成街头风景，与行人和自行车交通和谐地融合在一起。电车交通既提高了城市生活的质量，又为建筑密集地区提供了有效的流通方式。在这两个城市中，有轨电车被用来服务于已建成的发展地区，而中心城区的复兴是在追求更为密集、以公交为支持的建设模式。中心城区复兴和有轨电车线路更新二者的成功融合，使这些城市中心区域的大部分工作岗位、零售业及公共交通的投资者都受益。

（四）公共交通系统与城市协调发展模式

公共交通系统与城市协调发展模式强调城市和公交相互适应，在调整城市用地状况的同时也调整了公交设施。其发展模式，一方面以公交为主，另一方面公交服务要适应于土地利用。这类城市往往是多中心发展，围绕着重要中心（或称中心商业区）周围是二级、三级中心以及周围区域。这些次级中心有多种用途和人性化的设计，它们之间通常通过专门的定向线路（铁路或公共专用道）连接。慕尼黑、渥太华和巴西库里蒂巴是此类城市的代表，因为它们在主要交通走廊沿线的集中发展和有效地服务于郊区扩展之间达成了一种有效的平衡。在慕尼黑，当地的交通管理部门把铁路客运线、轻轨和普通公交支线协调起来，形成了混合型交通，这不但加强了中心城区交通联系，而且郊区也以其为轴线发展起来。渥太华和库里蒂巴都以公交专用线为中心，在其周围引入了弹性交通，同时把主要公交站点周围地区作为重要商业区域，期望其在当地商业发展中占有较大的份额。弹性公交服务与公交沿线的多用途发展二者相结合，使这两座城市的人均公交乘坐率得以大幅度提高。

三、城市经济发展

经济发展是影响客运交通最密切相关的因素，它既是产生交通需求的源头，又是促进交通供给的动力。经济与交通相互促进，相互制约。经济增长对交通工具的要求以及出行的要求均会发生变化。

“GDP增长与交通量、交通距离增长成比例”“国家的先进程度与居民的交通距离成比例”，这些观点实际上表明，经济的发达程度与交通基础设施的水平直接相关，而交通系统的服务又决定了这个城市居民的出行行为。

四、客运交通发展条件

社会需要是客运交通发展的基本条件，经济因素是客运交通发展的决定条件，布局形态是客运交通发展的活动条件，土地资源是客运交通发展的制约条件。

城市客运交通结构在很大程度上受小汽车增长和使用的影响。

有些经济发达城市的小汽车拥有量是相当低的，如香港、新加坡等。这些城市的共同特点是人口密度高，城市用地资源较为短缺，公共交通是主要的交通方式。这表明，是否采用小汽车作为机动化的主要交通工具，并不是单纯由居民收入水平决定的，而是要受到一定客观因素的制约，最主要的是看城市本身能否提供普遍使用小汽车所需要的道路资源。

经济原因并不是决定居民是否使用小汽车的唯一因素，生活习惯、生活观念、汽车市场的发育状况、政府对小汽车采取的政策、城市道路资源状况等，都会对交通方式的选择产生影响。除了城市人口密度，影响机动车拥有水平的另外一个因素是城市化水平。

第二节　客运交通方式与特性

一、客运交通方式与客运系统构成

（一）客运交通方式

狭义的城市客运交通系统由基础设施和运载工具构成。客运系统同时存在多种交通方式（交通模式）。通常，城市客运系统具有公共交通和私人交通二元结构，为出行者提供各类服务。根据运载工具、基础设施特性和提供服务的方式，有多种客运方式分类方法，分别定义如下：

交通模式——出行者对客运系统的利用方式，依据出行者在出行过程中选择的主要交通工具来确定；

公共交通——由确定的、得到政府许可的拥有者和营运者，向所有人或某一群体提供客运服务（使用者不固定），使用者因此需要向提供服务方付费；

私人交通——交通工具归个人所有，有固定的使用者；

个体交通——载运工具仅能允许个别或少量乘用者，通常为私人交通工具；

出行（目的）——具有单一目的、从一个地点到另一个地点的移动过程，通常使用一种主要的交通工具；

出行（方式）——使用一种交通工具、从一个地点到另一个地点的移动过程。

由于人们在一天中的工作和睡眠时间基本恒定，因此，不论处在何种经济条件、文化背景以及地理条件下，平均而言，人们每天花在出行上的时间都是相对固定的。无论采用何种交通系统和交通工具，用于出行的时间和其他费用预算是一定的。人们总是通过工作地点、居住区以及交通方式的选择，把用于路途的时间调整在可接受的范围内。在交通模式的选择中，出行者总是倾向于使用速度更

快的交通工具，这是交通模式发生转移和出行机动性提高的总趋势。客流特性对城市客运交通的组成结构也会产生影响。

1.干线交通

产生于郊区到城市核心商业地区或是邻近市镇中心之间的客流，这类出行客流沿着运送走廊穿梭活动，通常有出行距离大、客流集中的特点。此外，还包含在时间和空间高度集中的城市通勤交通以及城市中主要的购物、娱乐、商务出行交通。大量客流集中、出行目的多元化是干线交通的典型特征。

2.枢纽集散交通

以枢纽为聚集与转换中心，连接居住区、工业区等客流生成与吸引点的客运交通。该交通具有出行距离短、客运总量不大但时段集中的特点，而且具有典型的客运交通方式转换特征。

（二）客运交通系统结构

1.根据交通工具，可分为非机动车交通、汽车交通、轨道交通和其他交通。

2.根据设施形态，可分为地面形式、地下形式和高架形式，其中地面形式包括汽车、轨道和非机动车交通；地下形式包括重轨和轻轨交通；高架形式包括汽车、重轨和轻轨交通。对于同样的建设标准与建设规模，地面形式、高架形式以及地下形式等不同形式估计的造价比例约为1：3：6。

（三）公共交通分类方法

在城市客运交通系统中，最重要的组成部分是公共交通系统。随着交通技术的进步，公共交通形式和划分方法均出现了变化。

1.传统的分类方法

按照公交运行的速度，可将公交划分为常规公交和快速公交；按照路权使用形式，可划分为有轨公交系统和无轨公交系统；按照运量的大小，可划分为大、中、小运量公交；按照驱动的方式，可划分为电力、燃油和人力驱动公交系统。

这是常用的划分方法。针对公共交通的某一具体特性或要素对公交归类，适用于对公共交通一般性的理解和认识。

2.基于技术的分类方法

从组成公共交通关键要素出发，根据公共交通中所采用设施形式、车辆技术和营运服务类型的组合形式划分。

根据公交载运工具与使用道路的其他交通方式的隔离程度，分成3个等级：C型道路使用权，公交和其他车辆混合使用道路；B型道路使用权，公交在路段上与其他车辆独立运行，交叉口处与横向交通仍采用平面交叉；A型道路使用权，公交与其他交通方式在空间上完全隔离运行。

车辆技术是指从车辆及轨道的机械性质出发，从车辆与承载表面的接触方式，导引（车辆引导方式）、牵引（车辆动力提供方式）和控制（车辆控制系统）等特性的差异，归纳为路面胶轮式、轮轨式和导轨式。

营运服务类型主要按照其服务对象的不同，划分为市区公交系统、市郊公交系统和特定区域公交服务系统。

这种分类方法反映了公交系统的组成结构和技术特点，但不能体现各种公交方式的服务特点。

3.基于服务能力的公共交通分类方法

随着城市的发展，客流需求呈多元化、多样化的趋势。根据客流出行需求的不同服务层次，可将城市公共交通系统划分为3类。

（1）快速公共交通

提供快速、大容量、可靠的公共交通服务，是城市客运交通的主骨架。快速公交服务于城市主要客流走廊，或是连接市郊重要的城镇。其实现形式可以是地铁、轻轨、现代电车和BRT等。

（2）常规公共交通

公共交通系统中最常规、最基础的服务层次，以服务覆盖面广为主要特征，服务中短距离公交出行。代表形式是常规地面公共汽车和电车。

（3）辅助公共交通

在小范围内提供一端到门的服务，较高的可达性、便利性与灵活性是辅助公共交通的重要特征。典型方式有小公共汽车、接驳公交、响应式公交和出租车。

二、客运交通方式的功能和特性

客运交通方式的差异主要体现在服务能力、质量、便利性和价格。常用的指标有：运行速度、运载能力，适宜城市规模、合理服务范围，运行可靠性、安全性，建设投资与运行费用以及能源消耗和环境影响等。

（一）步行交通方式特性

步行适合短距离出行，或作为其他出行方式的辅助方式，是一种非常灵活的、受设施条件限制较少的交通方式。

步行速度为4～5km/h，适宜出行长度为400～1000m，极少超过5km。

主要的步行交通设施有人行道、人行天桥与人行地道，包括各类楼梯、电梯。在大型交通枢纽，由于高密度人流在封闭空间的集聚和驻留，需要进行专门的步行设施、步行引导和安全保障系统设计。

（二）自行车交通方式特性

中国大城市使用自行车作为交通工具的平均出行距离为3.9km，一般为2.5～5.2km。中国以外使用自行车作为交通工具比例较高的国家是荷兰，平均出行距离为3.6km。

自行车的平均速度为12～15km/h，视体力和出行长度而变化。当出行距离小于5km时，选择自行车优于公共交通。

（三）私人机动车交通方式

私人机动车包括小汽车和摩托车，其特点是直达、便捷，在道路容量不受限制的情况下，其对用户而言，是最优的交通方式，但对于道路使用而言则是不经济的。私人机动车交通的大量使用，还会消耗大量能源，产生严重的环境问题。

（四）完全分离的大运量和中等运量的轨道交通

需要专门设计的轨道和车辆，每小时客流量3万人次以上。运营速度为35～45km/h，主要取决于站距。

（五）基本分离的轻轨交通和有轨电车

用栅栏或其他形式与道路隔离，在交叉口与其他车辆共用道路空间，但优先于其他车辆通行。运营速度为20～25km/h，每小时客流量可以达到1万～3万人次。

（六）地面公共汽车和无轨电车

与其他交通方式使用同一道路系统，运营速度为12～20km/h，适宜的出行时间在45min内。公交专用道的运营速度可以达到20km/h左右，每小时客流量为2万人次/车道。

三、客运交通系统目标

各种客运方式的不同服务范围和特征为城市不同客流强度和分布及出行目的提供了交通供应和系统结构的依据。各种客运交通方式应有机结合成一个完整的城市交通客运体系，这个系统具有强大的综合客运能力；在中心城区，尤其在中心商业区，应充分利用地下或地上空间的灵活性和适应性，避免地面交通的拥挤；提供多种交通方式选择，满足居民多层次、多样化的出行需求；既有骨干交通，又有支线和补充交通，形成主次层次分明的系统；网络布设合理，覆盖率高，各种交通方式便于换乘。

（一）直接目标

减少出行时间；减轻准时出行的心理负担；提高公共交通利用程度；减少投资和建设周期，达到实际效果；改善空气与环境质量。

（二）间接目标

有利于城市布局优化、调整；有利于城市人口疏散，引导城市发展。

（三）派生目标

提高和改进车辆性能；提高交通控制和管理水平。

第三节　居民出行与客流特征

一、居民基本出行特征

（一）出行发生

出行率可以按出行目的、职业、地区类型和交通工具拥有区分。其中按出行目的可分为基于家的工作出行、基于家的购物出行、基于家的上学出行、基于家的公务出行、基于家的其他出行以及非基于家的工作出行、非基于家的上学出行、非基于家的其他出行。出行产生量的计算公式为：

$$P_i = \sum_{c=1}^{n} \bar{Q}_c N_{ci} \tag{1-1}$$

式中：P_i——i区的出行产生量；

$\bar{Q}_c$——c类出行者的平均出行率，次/（人·日）；

c——类别，包括职业、交通工具拥有量、出行者身份和出行目的；

N_{ci}——i区c类人数。

（二）出行吸引

出行吸引可以按出行目的、土地使用类别区分。其中按出行目的可分为基于家的工作吸引、基于家的购物吸引、基于家的上学吸引、基于家的其他吸引以及非基于家的全部吸引。出行吸引量的计算公式为：

$$A_j = \sum_{c=1}^{n} \bar{R}_c M_{cj} \tag{1-2}$$

式中：A_j——j区的出行吸引量；

$\bar{R}_c$——c类吸引的平均出行率，次/（人·日）；

c——类别，包括用地类型、出行目的；

M_{cj}——j区c类的工作岗位。

（三）（室内）出行率

出行率是客运系统需求的基本指标，一般表示为每人每日平均出行的次数，也可表示为年平均出行次数。用于计算和预测城市总的客运量的计算公式为

$$总出行量=6岁以上人口数量\times 人均出行次数 \tag{1-3}$$

总出行量应包括暂住人口和外来人口的出行。

出行率是一个比较稳定的指标，但不同的人群出行率有差异，主要影响因素为性别、年龄、职业、经济收入和交通工具等。

（四）平均出行长度

出行长度可以用出行距离或出行时间表示。除特大城市，通常城市居民出行90%在30min以内；公共汽车出行在30min以上的占90%。

不论是经济制度、性别或经济水平和机动化水平的变化，一般城市用于上、下班出行的时间基本上保持在40min，而工作在特大城市的居民通勤出行时间增加30%，甚至更多。

二、出行目的与出行方式

（一）出行方式

出行方式是指城市居民出行对各种交通工具的利用比例，可以反映客运系统的结构和运行服务水平。出行方式中是否包含步行出行方式对出行比例数据有显著的影响。私人小汽车的增加通常意味着公共交通使用的减少。

（二）出行目的

工作、上学出行次数比较稳定，但娱乐、购物等其他生活出行会随着经济水平的提高而增加。不同出行目的的出行对交通方式的使用也有所区别。

第四节 辅助公共交通系统

辅助公共交通系统包括人力车、小型公共汽车、穿梭巴士和微型巴士，服务形式有电话订车、路边扬招叫车等，以及各类基于无线通信、车辆自动定位、动态调度等技术的需求响应型公交服务。每一个辅助交通系统都有所不同，这些车辆在载客量和服务特征上介于私人小汽车和常规公共汽车之间，通常由私人企业和个人所拥有和运营。辅助交通的服务更富有弹性，并对市场需求有高度灵敏的反应，它们在某个区域之内把多位乘客运送到多个目的地，有时甚至是门到门的服务。

在发展中国家的很多地方，特别是小城市、大中城市的郊区、广大的农村地区，在公共交通系统形成初期，小型公共汽车是当地公交系统的主要方式。无论在美国还是东南亚国家，小型公共汽车都给公共部门和私人车主带来了巨大的经济和财政效益。也就是说，小型公共汽车在引导乘客从私人小汽车转移到公共交通方面比普通的公交车辆更为有效，而且也不需要巨额的公共事业补贴。当乘客数量超过某一界限（通常是单向每小时4000人次或者更多）时，辅助公共交通的经济优势开始直线下滑，这反映了小公共汽车在长途运输方面的局限。

下面介绍城市中最常见的辅助公共交通服务形式——出租车以及面向特殊人群和特殊需求的需求响应型公共交通系统。

一、出租车

出租车具有其他公共交通服务方式不具备的特点，通常不可能完全被其他方式取代。它提供门对门的服务，相对便利、快捷，是以公共交通作为长距离出行方式的乘客在市内出行的便利选择。但是，与其他公共交通相比，出租车是道路空间利用效率较低的服务方式，必须通过积极的管理，避免加剧道路交通拥塞。

城市出租车的数量除了与人口有关之外，还取决于城市的性质。比如一些旅游城市和中心城市，往往有更高的人均出租车拥有量。

出租车的管理主要包括车辆许可证管理、出租车候车站管理以及价格和收费系统管理3个方面。

（一）车辆许可证管理

车辆许可证管理的目标是通过控制进入市场的车辆数，使供给和需求保持平衡，使乘客能很快找到出租车，同时避免供给过度，出现大量空载导致道路空间的浪费。通常以不同地点和不同时间乘客为寻找出租车而行走、等候的时间以及交通流中出租车比例、出租车的空载比例来控制和调整出租车的供给量。如果满载率或平均载客行程超过70%，就有可能出现拒载而无法保证服务水平。但空载率高于50%，会增加车辆寻客导致的无效里程，增加道路负荷。因此，可以通过指定区域牌照的发放来平衡区域的需求和供给的差异，如上海郊区有部分特殊牌照的出租车，仅允许在指定的范围内运营。

此外，还必须确保车辆的规格和保养标准，如足够且清洁的行李空间、更高的安全性、强制前排乘客使用安全带等。通过提供特殊许可证，鼓励配备更好的车辆。

（二）出租车候车站管理

在客流集中或交通繁忙的区域，设置固定的候车站对乘客、司机都有利，并且能提高交通管理的效益，防止乘客扬招、司机停车可能造成的事故隐患。出租车候车站需要一个容量合适的港湾式停靠站、有序的排队系统和信息提供设备，以及使乘客免受天气影响的遮挡物。

（三）价格和收费系统管理

出租车计价通常有一个基本的起价，包含最初的里程，此后按里程计价，按等候时间另行计价，而道路上的停车延误时间则可能有不同的处理方式。同一城市的出租车价格应尽可能保持一致，除非车型有很大的差别。

二、需求响应型公交系统

传统意义上的公共交通是一种定位于为所有人服务的方式。常规的行车路线与网络不可能覆盖全部区域，不可能对所有人提供同等的服务。为改善公共交通的服务性能，争取那些期望得到更便利服务的，也愿意因此支付更高费用的人群，或者有特殊需求的乘客。近年来，依托先进的信息技术和车辆技术，开发了各类特殊的公共交通服务系统。

相对于按既定时刻表、既定线路和既定站点运营的常规公交系统而言，需求响应型公交系统针对特殊人群和特殊需求，在一定的决策规则下，根据出行OD（Origination Destination）需求确定车辆的运行路径和时刻表，即运能投放、运行路径根据需求动态变化。根据服务区域范围、在路网上运行时间、需求强度以及服务策略，通过计算机软件完成车辆配置和线路设计。

需求响应型公交系统的组成要素有运营车辆、需求响应系统、车辆自动识别系统。

（一）运营车辆

运营车辆为常用的小型车辆或特殊车辆，如装载有活动上下车踏板和轮椅提升器等设施、提供全程无障碍出行服务的车辆。小型车辆能更好地适应运营组织动态性的特点，并降低车辆购置成本、维修成本和燃油成本，提高系统的效益。

（二）需求响应系统

需求响应系统负责接受乘客出行需求预约以及与乘客沟通。最初期采用的是电话预约系统，近年来，Internet网络成为服务预约的另一个有效手段。需求响应系统可以是人工的，也可以是自动应答系统。运营者需要获得乘客位置、服务类型、出行需求等内容，系统可根据服务提供的可能性给出响应。

（三）自动车辆识别系统

自动车辆识别系统，含有“车载定位系统GPS+通信系统+地理信息系统GIS”。通过GPS（Global Positioning System）对车辆位置进行准确定位；通信系统则将车辆位置、车内载客信息、当前运营任务的完成情况等数据传回控制调度中心，控制调度中心的计算机依托GIS（Geographic Information System）处理获得的各类位置数据，预测车辆当前运营任务的预期完成时刻和结束地点。

第五节　公共交通优先政策

一、制定有利于公共交通发展的管理政策

（一）推行鼓励使用公共交通的法律法规

加拿大温哥华制定一项雇主计划，要求对使用公共汽车的职工给予补贴，政府根据补贴额对企业减免税收。

（二）设立公共交通发展专项基金，用于公共交通项目的投资

基金来源可以是土地批租收入、自行车税和汽车登记税等。上海浦东新区通过公共交通发展专项基金，推行环保型公共汽车使用，推广一些新技术，并且通过对线路服务质量的考核，给予适当的补贴，用于公共交通场站建设。

（三）建立公共交通专营权制度

对于公共交通专营权制度，最成功的范例是香港的公共汽车系统。政府通过区域公共交通专营权制度，使公共交通服务成为有限竞争的行业，以此来平衡运营公司与市民的利益目标。政府通过服务监督，根据营业公司利润决定票价调整，管理公共交通的合理票价和服务质量。

（四）对非公共交通方式的限制，包括对各种小汽车购买和使用的限制

如中心区停车位供应的管理、限制提供免费的工作场所停车位等。

二、对公共交通的财政支持与补贴

城市公共交通是政府保障人民安居乐业的公共服务体系的重要组成，通过公

共财政对公共交通进行补贴和补偿，保障公共交通的可持续发展，使公共财政发挥最大的经济、社会和生态效益。城市轨道交通、公交专用道、公共交通综合换乘枢纽、首末站、保修厂（场）、站台等公交基础设施应列入政府财政预算并优先安排。

（一）公共交通财政支持

根据不同公共交通方式的特点，评估其社会效益和外部效益，通过不同方式给予公共交通财政上的支持。

1.城市公用事业附加费、基础设施配套费等政府性基金要用于城市交通建设，并向公共交通倾斜，以保证对公交站场等基础设施的投资。

2.公共交通企业的税收优惠包括车辆购置税、燃油税、营业税减免等，对车辆和设施装备更新给予必要的资金和政策扶持。

3.大运量轨道交通系统由于投资巨大、建设周期长，通常由政府投资，并在一段时间内给予运营补贴。

4.鼓励车站的综合开发，用于轨道交通和换乘枢纽的运行补贴。

5.完善市场经济条件下城市公共交通企业经营的政策性经济补偿机制。比如，对旨在扩大公共交通服务的项目提供资金补贴；对政策性亏损给予适当补贴；对承担社会福利和完成政府指令性任务而增加的支出，定期进行专项经济补偿等。

（二）公交运营补贴原则

公交运营补贴在很多时候是必需的，但应遵循以下准则：

1.尽量避免对营运公司直接补贴或定额补贴。

2.尽量直接补贴给用户，如对低收入人口、学生、老年人的补贴，鼓励他们更多使用公共交通。

3.根据运行实际给予补贴，如对车公里、人公里补贴，以鼓励运营公司提供更多、更好的服务。

4.对燃料价格的波动给予补贴。

（三）政府改造措施

基于公交优先原则，对城市公共交通系统进行改造的成功案例是韩国首尔。政府采取了一系列的改造政策：

1.明确地面公共交通系统是半公共性的运营体系，由政府管理路线，主要路线以竞标方式分配，由政府参与收入管理、评估运营服务。

2.改善公交车运营结构。实施线路分级，重新组合运营管理组织，支援交通卡公司对票款清分，并体现调控（如对边缘线路的倾斜），以分段计价吸引乘客。

3.修改法律和规章制度。制定抑制私家车使用规章和道路交通规章等，大力推进各类公交专用道建设的新政策。

第二章　轨道交通系统规划

第一节　轨道交通系统规划概述

一、城市轨道交通的分类

城市轨道交通是指在固定导轨上运行并主要服务于城市客运的交通系统。轨道交通由于具有快捷、安全、准时、容量大、能耗低、污染小的特点，在城市公共交通体系中的地位不断提升，特别是在长距离出行或在道路交通始终处于拥堵状态的城市中心区具有明显的优势。随着一系列新技术的使用，轨道交通对于不同规模和不同类型城市的适应性也在不断提高。轨道交通不仅是特大城市公共交通的主体，而且是许多大城市甚至中等城市公共交通系统的骨干。

目前国内城市已开通运营的城市轨道交通制式包括地铁、轻轨、单轨（仅重庆）、有轨电车、磁悬浮交通（仅上海）以及市域快轨等。

（一）地铁

地铁线路通常设于地下结构内，也可延伸至地面或高架桥上，一般适用于300万人以上的大城市。地铁是城市快速轨道交通的先驱者，也是目前我国最主要的轨道交通制式。地铁的优点是运量大、速度快；缺点是建设工期长、造价高且运营维护费昂贵。

（二）轻轨

轻轨线路通常设于地面或高架桥上，也可延伸至地下结构内。轻轨采用高架

线路时，占地面积大、拆迁范围广、噪声振动大，需要占用部分道路的同时对城市景观有一定影响，一般适用于城市的市郊，或者道路条件较好且对景观与噪声要求较低的城区。

轻轨与地铁的区别，并非是天上和地下，轻轨一般在运量或车辆轴重上稍小于地铁。轻轨的运营速度与地铁相近，虽然造价、运能、建设工期较地铁低，但是运营维护费用同样昂贵。

（三）单轨

单轨分为悬挂式与跨座式，悬挂式单轨的车体悬挂在单根轨道梁上，目前在国内尚无应用；跨座式单轨的车体骑跨在单根轨道梁上，在我国重庆已有运用并安全运营十年有余。

跨座式单轨编组灵活，可实现低、中、高不同等级运能。速度与地铁和轻轨相差不大，但在工程投资方面远低于二者，且运营费用相对较小。目前国内已建成的高架敷设的城市轨道线路中，单轨占地面积最小，其转弯半径与爬坡能力也是最佳的，因此拆迁面积较小。此外单轨产生的噪声低，如重庆单轨2号线被称为“中国最安静的轨交线”。当前国内许多中等城市因达不到地铁建设的标准，均有意申报建设轻型跨座式单轨。

（四）现代有轨电车

我国近年实施的现代有轨电车项目，一般在城市新区运行，并尽量设置较高的独立路权。现代有轨电车属于中低运量系统，在运能、速度等方面均低于其他城市轨道交通制式。

现代有轨电车的突出缺陷是线路多以地面为主，需要占用车道，对既有道路交通影响大，且有一定噪声。优点是工程投资较低，车辆美观舒适，且不需要经过国务院审批，因此近几年在国内也发展较快。

（五）中低速磁悬浮

磁悬浮线路分为高速磁悬浮与中低速磁悬浮，上海开通的磁悬浮线路属于高速磁悬浮。高速磁悬浮由于价格高昂，在全球的推广之路异常坎坷；中低速磁悬浮则另辟蹊径，作为城市轨道交通的一员则性价比较高。

与其他轨道交通制式相比，中低速磁悬浮除速度与造价外，由于磁浮列车“抱”在轨道上运行，和路基一体化，磁浮交通是唯一可以做到运行中不发生颠覆事故的轨道交通方式。

（六）市域快轨

市域快轨指的是大城市市域范围内的客运轨道交通线路，服务于城市与郊区、中心城市与卫星城、重点城镇间等。市域快轨线路长度比一般市内地铁要长，服务范围一般在100km之内，而目前世界最长地下地铁线路是北京地铁10号线，全长也只有57km，一般市内地铁线路长度仅有10～20km。市域快轨线路的平均站距比一般市内地铁要长得多，一般在2～5km，而一般市内地铁仅为1km左右。

市域快轨采用更大功率的牵引动力，最高运行时速可达160km/h，速度等级提高近一倍，极大地方便了周边卫星城以及城镇和市区的联系。与城际动车组相比，市域快轨车辆更具有地铁列车快速启动和快速制动的功能，列车运行线路在100km以内，车内不设有卫生间和给水系统，其维修和维护更加简单。

二、城市轨道交通系统的构成

城市轨道交通系统由线路、车辆、车辆段、限界、轨道、车站及其他系统构成。

（一）线路

按在运营中的作用，轨道交通线路分正线、辅助线和车场线。正线是指供载客列车运行的线路，是独立运行的线路，一般按双线设计，采用右侧行车制，大多数线路为全封闭式，与其他交通线路相交时一般采用立体交叉；辅助线为空载列车提供折返、停放、检查、转线及出入段作业所需的线路；车场线为轨道交通车站内车辆运行的线路。

（二）车辆

车辆是直接为乘客提供服务的设备，一般按有无动力分为动车、拖车两类，也可按有无驾驶室分为带司机室和不带司机室两类。为提高效率，现代车辆

大多按动车组（单元）设计。在一组动车组内，动车、拖车与驾驶室的分布是一个有机的整体，不能随意拆卸。

（三）车辆段

车辆段是轨道交通系统中对车辆进行运营管理、停放及维修保养的场所，是列车运营的起始与终止场所。一般来说，1条线路可设1个车辆段；线路长度超过20km时，可以考虑设1个车辆段、1个停车场。

（四）限界

限界是指列车沿固定的轨道安全运行时所需要的空间尺寸。为保证列车运行安全，各种建筑物及设备均不得侵入限界范围。轨道交通地下隧道的断面尺寸及高架桥梁的宽度的设计都是根据限界确定的，限界越大，安全度越高，但工程量及工程投资也随之增加。因此，合理限界的确定既要考虑保证列车运行的安全，又要考虑系统建设成本。

（五）轨道

轨道是列车运行的基础，它直接承受列车荷载，并引导列车运行，标准轨距1435mm。为保证列车运行的安全，轨道结构应具有足够的强度和稳定性、耐久性、绝缘性及适量弹性，且养护维修量小，以确保列车的安全运行和乘客的舒适度。

我国铁路的钢轨主要有43kg/m、50kg/m与60kg/m三种类型。城市轨道交通在经济条件允许下，无论地面线、地下线或高架线，运营正线宜选用重型钢轨。对车场线来说，由于主要是供空车运行，速度又低，考虑到经济性，可选用50kg/m或43kg/m钢轨。

（六）车站

城市轨道交通车站是旅客乘降的场所，一般应设置在客流量大的集散点以及与其他线路交会的地方，车站间的距离应根据实际需要确定。一般地，市区车站间距应在1km左右，郊区的车站间距不宜大于2km。

车站规模与能力的大小直接影响到地铁工程造价的高低和效益的好坏。车站是线路上供列车到、发及折返的分界点，也是客运部门办理客运业务和各工种联合劳动协作进行运输生产的基地；同时，车站是乘客旅行的起始、终到及换乘的地点，是运输企业与服务对象的主要联系环节。

（七）其他系统

轨道交通系统还包括供电系统、通信系统、信号系统、环控系统、供水系统、列车自动控制系统等。

三、城市轨道交通的特点

（一）运量大

一个城市能否建设轨道交通主要是出于运量的考虑。对于经济发达、人口稠密的大城市而言，客运量特别大的地区常规公共交通体系根本不能满足城市居民对交通运输的需求。一般的公共电车的运输能力是每小时0.8万～1.2万人，而地铁的运输量为单向每小时3万～6万人，轻轨则为单向每小时1.5万～3万人。

（二）速度快，运输效率高

轨道交通的运行速度都在30km/h以上，比公共电汽车要快一倍以上。轨道交通由于其准时性和直达性，大大缩短了居民的乘车时间，与其他交通方式相比，具有更高的运输效率。

（三）安全性高

轨道交通本身不但具有较高的安全率，而且使地面的交通拥挤现象得到缓解，使其他交通工具和行人的安全率增大。

（四）无废气污染

城市轨道交通的建成具有不受交通堵塞的优势，可以促使原来的汽车用户转为乘坐该系统的乘客。汽车交通量的减少，可以降低大气污染，从而为环境保护带来一系列的间接效益。

（五）具有能耗低、对城市噪声污染轻等特点

满足了市民对生存环境质量和时间、速度的要求，保存了有限的地面空间，可以更合理地利用地面作为商业区和工业区。

四、城市轨道交通在城市交通系统中的作用

随着我国城市化进程步伐的加快，同时正在实现城市交通的机动化，在实现跨越式发展的过程中，不可避免地会出现某些结构性的矛盾，于是就使得各特大城市均出现了严重的交通拥堵。解决交通拥堵的重要措施之一就是加速建设城市轨道交通。但是城市交通系统的综合性特别强，仅仅依靠建设城市轨道交通无法从根本上解决交通拥堵问题，反而会对决策者引发误导，产生对城市轨道交通的偏谬认识，甚至导致决策错误。所以有必要对城市交通的“作用”有一个客观、正确的认识。

（一）促进城市交通系统结构的合理化

城市化进程步伐的加快，使城市空间地域不断向外扩展，中长距离出行比例随之增加，中长距离出行时耗增加，“不可接受”的人群也随之增加，从客观上需要增设大容量快速轨道交通系统。

通过优化的系统配置，达到交通方式（工具）与出行结构的最匹配，就可实现合理的交通结构。这时不同的出行目的、出行距离的出行者在各个时段、各个地区都可以较大程度地满足其选择交通方式的意愿，即各有合适的交通工具，尽量缩小对出行时间“不可容忍”的人群，从而各得其所。

1.当前城市客运交通结构存在的主要问题

当前，我国城市客运交通结构主要存在以下3方面的问题：

（1）小汽车出行量增长太快

小汽车的大众化引发超前消费和过度消费，由此带来的不仅仅是道路容量严重不足，还给道路交通造成巨大压力；对能源供应、空气污染和温室效应也已产生了严重的后果。

（2）常规公交的吸引力不强

传统公交的问题突出，尤其是上下班高峰期，人员拥挤不堪，堵车、晚点现

象十分普遍。

（3）自行车向电动车转移的趋势明显

电动车的速度远高于自行车，又无适当的人身防护，涉及电动车的安全事故频频发生。自行车本来是一种“绿色交通”方式，应该有它一定的使用空间。比较好的、也是我们希望的是中、长距离的自行车出行向公交转移，但现在出现了“自行车→电动车→小汽车”的转移趋势，不得不引起人们的警觉。

2.促进城市客运交通系统结构合理化的措施

治理交通如同治水，首先是疏导（引导），其次才是阻截（限制）。因为过多地使用“限制”，不太符合“以人为本”的原则。但是在交通状况已经恶化的情境下，不得不“双管齐下”：优先发展公交，加强需求管理。

（1）优先发展公交

要将小汽车出行、自行车出行拉（吸引）到公交系统中来。

解决常规公交存在的问题，必须有新公交系统——城市轨道交通介入才能促其质变，进行结构重组，以实现跨越式发展。

城市轨道交通的优势：安全、舒适、快捷、准时——对城市生活极为重要，一般旅速35km/h，无堵车之苦，比公共汽车快一倍甚至几倍。

同时，发展综合公交系统——常规公交（含社区公交）、城市轨道交通、BRT的一体化，形成“常规公交＋快速公交（BRT）＋城市轨道交通”的新模式，从根本上提高公交出行率，对减轻道路运输压力、缓解城市交通拥堵具有重要意义。

优先发展公交，应出台优先发展公交的系列政策，其关键点在“公共财政的转移支付”，以扶持公交系统的健康、稳定发展。

（2）加强需求管理——将小汽车出行推向公交系统

交通工具的私人占有，交通意愿的个性化，与交通行为的社会性存在着矛盾，这就需要“需求管理”。

调控小汽车使用必须给“出路”，就要发展城市轨道交通。

城市轨道交通与自用乘用车比较，其优势为：快速、经济、安全、无停车问题。用优质公交吸引有车者，使其对向交通拥挤地区的出行放弃自驾车，改乘城市轨道交通。要做到这一点，尽管难度很大，但还是要尽力去做；自驾车的人少了，道路的压力自然会小一些。

需求管理需要系列政策，并持之以恒才能奏效，反之，“欲速则不达”。

事实证明，我国特大城市的交通改善不能离开城市轨道交通，但仅靠城市轨道交通也不能彻底改善城市的交通结构。

（二）支撑城市土地利用的集约化

1.城市用地集约化开发的必然性

（1）为充分利用土地（不可再生）资源——需要用地集约化开发。

（2）为充分发挥经济活动的聚集效应——必须用地集约化开发。

2.用地集约化须有大运量交通系统的支撑

由于用地集约化开发，出行发生、吸引量高度集中，有些CBD地区1km^{2}日产生百万计上的出行量，依靠道路交通无法承担这样大的负荷；商业、金融的黄金口岸，为了聚集效应，又无法避免高密度，必须配置大运量的城市轨道交通系统。

铁路客运站、公路客运站，一个站点全日发生、吸引几万甚至十几万出行量，道路交通人流、车流组织都很困难。

空港吞吐量大于3000万人次/年以上时，路边上下客位就很紧张，有可能需要城市轨道交通，但需充分论证，预防重蹈某些城市机场线之覆辙。

3.城市轨道交通战略地位的重新定位

我国特大城市公共交通的发展战略——以城市轨道交通为骨干，以常规公交为主体。

随着用地的集约化开发，城市中心区（核心区）应以城市轨道交通为主体，才能适应高密度出行的需要。

（三）引导城市在向外扩展中改变用地形态

1.建成区面积的迅速扩大

我国特大城市的建成区面积一般在200～300km^2，现在的规划面积已发展到2000～3000km^2，整整扩大了10倍，长轴多在50km左右，短轴也有20km。

按人们的出行意愿，工作出行可接受的全出行时耗大多在45min左右。

我国城市道路公交的运营速度一般为10～15km/h，如果公交两端的步行时间之和以15min计，则相当一部分乘客对工作出行的时耗不能接受，所以就需要快速轨道交通系统来改善公交出行的质量。城市轨道交通是城市规划导向的重要手段，对具备发展条件的地区可先将城市轨道交通修进去，以促进其发展，这就是TOD模式。

用城市轨道交通引导城市发展（TOD模式）：一个地区的发展，交通可起到巨大促进作用，但交通不是发展的唯一条件，TOD也应有预期的需求：

（1）车站周边可高密度开发，易于吸引开发商投资。

（2）减少新区出行的时耗，等于缩短了空间距离，有利于人口外迁和产业配置。

2.单中心团块状向多中心组团式发展

这是特大城市发展的一般规律，由此在多中心组团之间的主要交通走廊上会集中有大量中、长距离出行量，所以就需要有大容量的快速轨道交通系统与其对应。

五、城市轨道交通系统规划的重要性

城市轨道交通规划是一项涉及城市规划、交通工程、建筑工程以及社会、经济等多种学科理论的系统工程。城市轨道交通项目工期长、投资大，在城市规划中，城市轨道交通网络的规划非常重要，直接影响城市的基本布局和各片区的功能定位，对城市发展有极强的引导作用，对促进城市结构调整、城市布局整合，对整个城市土地开发、交通结构以及城市和交通运输系统的可持续发展都有巨大影响。

城市轨道交通具有大运量、高速度、独立专用轨道的特点，可以作为大城市公共交通系统的骨干运输方式。要真正成为城市客运骨干系统，城市轨道交通就要承担较大比例的城市客运周转量。单一的城市轨道交通线因其客流吸引范围和线路走向的局限，一般很难达到这种骨干要求。因此，城市轨道交通必须形成网络。

城市轨道交通系统规划涉及多个专业和学科，是一项复杂的系统工程，也是一项系统性、专业性、前沿性很强的工作。有资料表明，过去西方一些城市对线网规划与设计研究并不系统，主要利用市场经济杠杆来决定城市轨道交通网建设方案。例如，不少早期形成城市轨道交通网络的城市中，往往在中心区局部有多条城市轨道交通线集中在一条交通走廊内，重合很长的距离。这种情况造成工程难度增加，致使投资增加和线网结构不合理，甚至造成城市中心区土地畸形发展。

我国作为发展中国家，各大城市正处于快速发展期，不同于西方发达国家城市处于发展成熟期，做好城市轨道交通系统规划与设计工作更具有独特的意义，保障空间预留、避免今后高昂的工程建设成本是基本前提。

六、城市轨道交通建设项目的特点

（一）建设投资巨大

为了使城市轨道交通的优势得到充分体现，城市轨道交通线路的修建往往需要立交和隧道，并且形成网络；城市轨道系统建设施工难度大、对道路交通影响大、设备技术标准高，使得每公里线路的综合造价往往需要5亿元人民币以上的投入。因此，城市轨道交通线路建设一次性的工程投资巨大，一个国家或地区的城市如果没有相当强的整体经济实力是无法承受如此巨额的投资负担的，这种建设投资巨大也使得工程的资金风险很大。

（二）项目建成后不易调整

城市轨道交通线路一般均是永久性结构（比如地下隧道、高架桥结构等），建成后几乎无调整的可能性。因此，城市轨道交通路线的选线及路网规划应严格按照城市的发展规划进行认真制定，若制定的规划欠合理，就会造成极大的工程投资浪费，并给以后的运营造成诸多不便。

（三）工期长

一个城市轨道交通建设项目从筹划运作到开通运营，一般需要5～8年的时间。如果受政府审批和资金筹措等方面的因素影响，时间则会更长。

（四）涉及面广

城市轨道交通项目是一个城市的生命线工程，直接关系到居民的生产、生活、城市的国民经济发展，除能解决沿线及周边地区的交通外，还能促进房地产市场、旅游市场的开发，带动整个地区乃至城市的繁荣和发展。在建设过程中，会涉及城市交通、建筑、市政、环保等方面，甚至会带动相关产业的发展，所涉及的方方面面及建设的意义，是一般建设项目远不能比的。

（五）系统、专业多，接口繁杂

城市轨道交通项目包括土建、机电、运营管理和投资经济4大系统，分为20多个子系统、30多个专业，有多个单独的分项工程，各系统、专业接口复杂。由于城市轨道交通的上述特点，必须对其项目进行科学的建设管理，以确保工程质量和投资效益。

（六）运输成本较高，经济效益有限

城市轨道交通的运输成本主要包括设备投资成本、运营管理成本、设备维护和保养成本、能源消耗成本以及员工的工资成本等。

城市轨道的修建及有关设备的购置与安装会产生巨额投资，这些巨额投资就形成了城市轨道交通运输的高额投资成本；由于城市轨道交通系统使用了科技含量较高的设备与设施，为了使这些设备、设施（如列车牵引供电系统、环境控制系统、车站机电设备系统、通信信号设备系统和高标准的防灾系统等）处于良好工作状态，就需要加强日常维修和保养，而用于日常维修和保养的费用会很高；城市轨道交通系统需要人员素质较高，必须对员工进行定期的技术、安全培训，其培训教育经费也较高。此外，由于城市轨道交通运营系统的特殊性，如站间距较小、车站的服务项目较多等，则需用员工人数也较多，这都是使得城市轨道交通系统运输成本居高不下的原因。

城市轨道交通系统带有较强的公益性特征，较多地关注间接的社会整体效益，无法按运输成本核收票价，极易导致运营亏损。虽然已有少数城市轨道交通系统因乘客量巨大，产业开发经营较佳而达到略有盈余，但是还有众多的城市轨道交通系统处于“亏本经营”，仍然要依赖国家与地方政府或社会机构提供补贴。

七、轨道交通系统规划原则

（一）与城市总体规划发展相统一

城市轨道交通网络规划，属城市总体规划中的一项交通专项规划，应与城市

总体规划发展紧密结合，其交通网络形态与城市形态相适应协调，其规划应具有一定的超前性，在理论性、科学性、前瞻性、整体性、协同性、动态性、可操作性和经济性等原则指导下，以引导城市可持续发展。

（二）与城市其他交通方式相配合

首先，城市轨道交通自身应该协调好线路敷设方式、换乘节点、建设顺序、联络线分布、与其他交通方式衔接、路网建设经济性、资源共享等环节，实现降低系统投资成本。例如，路网中的规划线路走向应与城市交通中的主客流方向相一致，网络规划线要尽量沿城市干道布设等。

其次，城市轨道交通网络与常规公共交通网络衔接配合好，充分发挥各自的优势，为乘客提供优质服务。所以大城市的交通规划，一定要发展以快速轨道交通为骨干，常规公共交通为主体，辅以其他交通方式，构成多层次立体的城市交通一体化，使其互为补充，互不争客流。

（三）与周围环境相协调

城市轨道交通应该满足城市和自身的可持续发展，尽量减少交通资源的占用，注重轨道线路、站点与周围环境的协调。轨道线路敷设方式设计时，应与周围环境协调好，降低或避免环境污染，保护人文历史景观。例如，在旧城市中心区建筑密度大的地区，应选择地下线；为了节省工程造价，在其他地区应尽量选用地上线。轨道交通地下线的建设一般选择在城市中心繁华地区，是对城市环境影响最小的一种线路敷设方式，但是必须处理好对城市景观和周围环境的影响。

车站和出入口的设计要实现与城市空间、城市景观和城市环境的整体协调，地面轨道和高架线路与环境的协调、车站内部的环境协调等，最终实现各站点联珠式的衔接，体现当地交通建筑的特点，与当地房屋建筑融合在一起。

（四）与城市经济发展实力相适应

影响城市轨道交通网络合理规模的因素有很多，线网规模是首要因素，而所在城市的经济发展水平和趋势是进行城市轨道交通网络规划必须考虑的关键因素。经济发达的城市采用高密度、相对低负荷的轨道交通，而经济实力较弱的城市采用低密度、高负荷的轨道交通。

（五）与城市土地利用相结合

目前，由于我国很多城市的经济发达程度还没有达到大规模修建轨道交通的水平，所以在项目规划中，城市轨道交通建设应把轨道交通与沿线土地开发一体规划，利用轨道交通可以有效提高区域的可达性的特点，充分发挥轨道交通建设与土地开发的相互促进、优化城市基础设施的投资效果。

八、轨道交通系统规划层次

由于现代科学决策研究的都是大而复杂的问题，因此需要分阶段、分层次化解成数个简单问题来处理。轨道交通层次规划属于宏观层面的战略规划，从内容上城市轨道交通规划需要分别处理好城市轨道交通网络规划在城市规模层次、交通功能层次、交通运量等级层次和引导作用层次四个层次的关系。城市规模主要分国际大都市、一般省会城市、地市级城市三个层面；交通功能层次是按轨道交通线路在城市中的地位、作用、交通性质、交通速度及交通流等指标，可将轨道交通线路分为城际线、城区线和区内线三个层次。交通运量等级是从运输能力区分为特大、大、中、小型四种；引导作用层次是从城市轨道交通对城市的影响，将城市轨道交通分为交通需求线和规划引导线。如果从时间上来划分，城市轨道交通网络规划层次包含以下三个层次。

（一）近期建设计划（低层次决策）

城市轨道交通线网方案的设计、相应的技术经济评价以及资金筹措措施方案。

（二）中长期规划（中层次的决策）

对城市轨道交通做可行性分析及客流预测，确定中长期城市轨道交通在公共交通中所占的比例及地位，并确定其路网布局以及与其他交通方式的配合、衔接及换乘，确定轨道交通场站设施和选址用地规划。

（三）长期规划（高层次决策）

确立城市公共交通中所占有的比例及地位以及在城市发展中的作用。

九、轨道交通系统规划内容

网络规划涉及专业面广、综合性强、技术含量高。从规划实践来看，其主要内容包括城市背景的研究、线网构架的研究和实施规划的研究。在规划观念上，应突出宏观性和专业性的有机结合；在规划工作安排上，应是研究过程和研究结果并重。

（一）前提与基础研究

主要是对城市的人文背景和自然背景进行研究，从中总结指导城市轨道交通网络规划的技术政策和规划原则。主要研究依据是城市总体规划和综合交通规划等。具体的研究内容包括城市现状与发展规划、城市交通现状和规划、城市工程地质分析、既有铁路利用分析和建设必要性论证等。

（二）远景线网规模及其架构

远景线网规模及其架构是网络规划的核心，它要回答城市到底需要一个什么样的网络的问题。通过多规模控制—方案构思—评价—优化的研究过程，规划较优的方案。这部分工作的重点内容包括：线网合理规模、线网架构方案的构思、线网方案测试、线网方案分析与综合评价。

（三）分阶段实施规划

规划方案不是一蹴而就的，而是逐步实施的。分阶段实施规划的主要研究内容包括工程条件、建设顺序、附属设施规划。具体内容包括车辆段及其他基地的选址与规模研究、线路敷设方式及主要换乘节点方案研究、修建顺序研究、城市轨道交通线网的运营规划、联络线分布研究、城市轨道交通线网与城市的协调发展与环境要求、城市轨道交通和地面交通的衔接等。

十、城市轨道交通网络规划的研究范围

轨道交通网络规划要在给定的规划期限内对整个轨道交通线网的大致走向、总体结构、用地控制、车辆段及换乘站的配置作出规划。总体上来看，轨道交通网络规划的过程实际上是对初级路网不断优化完善的动态滚动过程。

网络规划是城市总体规划中的专项规划。在城市规划流程中，位于综合交通规划之后，专项详细控制性规划之前。网络规划是长远的、指导性的专项宏观规划。它强调稳定性、灵活性、连续性的统一。稳定性是指规划核心在空间上（城市中心区）和时间上（近期）要稳定；灵活性是指规划延伸条件在空间上（城市外围区）和时间上（远期）要有灵活变化的余地；连续性是指网络规划要在城市条件不断变化的情况下不断调整、完善。

网络规划的研究范围一般需要根据规划目的来确定，一般的远景规划应涵盖整个城市地区，线网建设规划则侧重城市建成区。在研究范围内，还应进一步明确重点研究范围，即城市轨道交通线路最为集中、规划难点也最为集中的区域，一般指城市中心区域。

例如，西安市城市快速轨道交通线网的规划范围与西安市城市总体规划第四次修编所述及的范围保持一致。整个规划范围划分为三个层次，即重点研究区域、主要研究区域、研究涉及区域。其中，重点研究区域指主城区范围（西安中心城市）；主要研究区域指西安市区范围和市区外围；研究涉及区域指西安都市圈。

从规划年限来看，网络规划可划分为近期规划和远景规划。近期规划主要研究线网重点部分的修建顺序以及对城市发展的影响，其年限应与城市总体规划的规划年限一致。远景规划是指城市理想状态（或者饱和状态）下轨道交通系统的最终规划，可以没有具体年限。一般地，可以按城市总体远景发展规划和城区用地控制范围及其推算的人口规模和就业分布为基础，作为线网远景规模的控制条件。

城市轨道交通网络规划编制的具体期限一般涉及三个时间节点。

初期：应以城市总体规划为指导，明确网络规划的依据，以满足城市发展需求为出发点，推动城市发展目标形态的形成。按线路来说，初期一般指开通后第三年。

近期：要支持城市总体规划实施，包括支持城市（中心区）人口转移和（外围区）土地开发要求，实现与总体规划的互动发展。以线路为例，近期一般指开通后第十年。

远期：应体现引导城市总体规划发展的思想，即远期规划应具有超前性，有利于将城市发展导向合理布局。一般地，城市轨道交通线路的远期规划年限为开通后第25年，大于城市规划远期规划年限。

第二节　客流预测

轨道交通客流预测是指在一定的经济社会发展条件下科学预测城市各目标年轨道交通线路的断面流量、站点乘降量以及站间OD、平均运距等反映轨道交通客流需求特征的指标。客流预测是确定城市轨道交通系统线网规模、交通方式选择以及线路运输能力、车站规模、设备能力、运营组织、经济效益评价的重要依据。

轨道交通客流预测在城市轨道交通规划中占据相当重要的地位。

一、预测内容

（一）全线客流

全线客流包括全日客流量和各时段的客流量及比例。全日客流量是表现和评价运营效益的直观指标，也是进一步评价线路负荷强度的重要指标。各时段的客流量及比率，是为全日行车组织计划提供依据，在保证运营能力和服务水平的前提下，合理安排行车间隔，提高列车的满载率及运营效益。

（二）车站客流

车站客流包括全日及早、晚高峰小时的上下车客流，以及站间断面流量。高峰小时时段的站间最大单向断面流量，是确定系统运量规模的基本依据，由此选定交通制式、车型、车辆编组长度、行车密度及车站站台长度。

（三）分段客流

分段客流包括站间OD表、平均运距及各级运距的乘客量。通过此项数据进行分段客流统计，制订票制和票价，最终对建设投资、运营成本作财务分析、经济社会效益分析，并提出项目效益评价意见。

（四）换乘客流

换乘客流指各换乘站分向换乘客流量。此项数据对线路主客流方向的评价很重要，并为换乘形式设计、换乘通道或楼梯的宽度的计算提供依据。

（五）出入口分向客流

根据每一座车站确定的出入口分布位置，对每个出入口作分向客流预测，并作波动性分析，为每个出入口宽度计算提供依据。

二、预测模式

城市轨道交通客流预测，在不同的阶段有不同的目标要求，因此预测模式也不同。总体上，城市轨道交通客流预测可分为以下四种模式。

（一）模式一：“现状公交”—“虚拟现状轨道”—“远期轨道”

假设轨道交通线网已经存在，称“虚拟现状轨道”，接着分析现状公交线路与虚拟轨道交通线网的相关度，将相关公交线路纳入统计基础集合，累加“虚拟现状轨道”车站乘降人数。以上数据经过校核后，构造出简单的数学模型，以现状交通流推算“虚拟现状轨道”的站间OD矩阵，然后用增长率法进行客流预测。

这一模式操作简便，属于简化的需求预测模式。它以现状公交为预测基础，可以考虑公交系统内部的转移交通量，但无法兼顾城市用地规模、交通设施变化对出行结构的影响，即未考虑诱发交通量，因此精度较低，主要用作其他模式预测后的辅助分析手段。

（二）模式二：“现状 OD”—“虚拟现状轨道”—“远期轨道”

以OD调查为基础，在现状出行OD基础上，经方式选择虚拟出“现状轨道”客流，并推算出站间OD。“远期轨道”推算方法与模式一相同。由于预测基础为城市客流OD，对客流出行现状特征的反映比较全面，因此预测精度有所提高，适于城市客运交通发展相对稳定的城市。

（三）模式三："现状 OD"—"出行需求预测"—"远期轨道"

以居民现状出行OD调查为基础，对各规划年份进行全方式出行预测，然后通过出行方式划分、交通分配得到规划期城市轨道交通客流量。此模式遵循交通需求预测的四个步骤，即出行产生、出行分布、方式分担和交通分配，结合土地利用规划分析城市轨道交通客流，能较好地反映城市远期客流的分布，且精度相对较高。近年来，多数城市轨道交通建设项目的客流预测都使用这一模式。

（四）模式四："早期轨道"—"现状 OD"—"远期轨道"

模式四的指导思想为：以初步的轨道交通线网为基础，以规划的各个站点为中心，按照小区划分的一般原则将交通小区进行细化；以交通小区为单元进行现状OD调查；利用传统四阶段法将小区的远期客流分配到城市轨道交通线路上来，根据预测结果，分析城市轨道交通交通线网规划的合理性，若不合理则进行调整，直至得到合理的远期城市轨道交通线网规划方案。

第三节　轨道交通线网规划

一、轨道交通线网规划流程

在对城市结构与土地利用、城市客流需求的空间分布特点及线路工程实施可行性进行定性与定量分析的基础上，形成多个备选方案。在此基础上，对备选方案进行初步的客流分析，计算线网评价相关指标，然后通过综合评价，提出推荐的线网规划方案。推荐的线网方案确定后，可重新进行推荐方案的客流预测，进一步对线网进行综合评价，通过评价可对线网规划方案进行微调和完善。最后根据预测结果进行轨道交通系统选型，确定敷设方式，进行车场及联络线等相关的规划和客流预测等。

二、轨道交通线网合理规模的确定

确定轨道交通线网规模的目的是从宏观上确定规划对象（城市轨道交通）建设的合理规模，作为制订线网规划方案的参考。因为它并未同具体的轨道交通线路布线联系起来，所以只是从宏观上给出轨道交通合理规模的上下限，是支持定性分析的参考数据。

影响轨道交通线网规模的因素很多，综合起来有城市交通需求，城市规模形态和土地使用布局，城市、社会、经济发展水平，国家政策等因素。这些因素对城市轨道线网规模的影响作用，有的可以量化，有的无法量化，所以确定城市轨道交通线网规模要采用定量计算和定性分析相结合的方法。这里需要指出的是，轨道交通线网规模只是一个参考数据，它可以从宏观上判断一个城市的轨道交通线网规模范围，但不能作为轨道交通各条线路布线的依据。

（一）以公共交通客流总量计算

交通基础设施的建设要满足交通的需求，城市远景年的公共交通客流总量体现了城市公共交通的远景需求，是决定城市轨道交通线网建设总量的最重要的、可量化的指标。

以公共交通客流总量计算路网总长度$L_{总}$见式（2-1）。

$$L_{总}=aQ/q \qquad (2\text{-}1)$$

式中：$L_{总}$——路网中规划线路总长度，km；

a——轨道交通远期在公共交通总客流量中分担客流的比重；

Q——远期公共交通预测总客流量，万人次；

q——线路负荷强度，万人次/km。

远景公共交通预测总客流量Q可以通过交通需求预测获得。轨道交通方式占公共交通方式出行量的比重与常规公交线网密度、服务水平、轨道交通的线网密度和服务水平有关。从国外一些城市轨道交通运行来看，纽约的轨道交通占城市客运量的70%，巴黎占65%。

线网负荷强度q指城市轨道线网每日每千米平均承担的客运量，是反映轨道线网运营效率和经济效益的一个重要指标。从国内外轨道交通建设的经验来看，一般分为两种模式：一种是高密度低负荷轨道交通系统，如巴黎、伦敦轨道交通

系统，这种形式的轨道线网经济效益很差，政府要进行大量补贴，或采取扶持政策；另一种是低密度高负荷轨道线网，如著名的莫斯科轨道交通系统和中国香港轨道交通系统是世界上效益最好的两个系统。我国城市目前采用低密度高负荷的模式，以最少的资金获得较大的经济效益。从国内外轨道线网来看，建议q在2.5～4取值。

（二）以人口线网密度计算

城市的人口总数反映了城市的人口规模。以人口总数为基础，人口线网密度指标实质上反映了人口规模对轨道线网规模的影响程度。对于人口线网密度指标，可以借鉴已建成轨道线网的世界主要城市每百万人口拥有的轨道线路长度，但我国城市地少人多，轨道交通发展刚刚起步，人口密度指标取值不能过高，各城市可根据具体情况，酌情考虑。计算公式见式（2–2）。

$$L_{总}=\delta M \qquad (2\text{–}2)$$

式中：$L_{总}$——路网中规划轨道交通线路总长度，km；

δ——人口线网密度指标，km/百万人；

M——市区总人口数，百万人。

（三）以面积线网密度计算

轨道交通的面积线网密度实质上表示了轨道线网的覆盖面。市中心区和市边缘区的线网密度有所不同。轨道交通面积线网密度由市中心向外应逐渐降低。各城市可根据其规划的城市中心区用地面积和城市外围区用地面积，利用轨道交通面积线网密度指标，推算轨道线网规模，这也反映出城市用地规模对轨道交通线网规模的影响。计算公式见式（2–3）。

$$L_{总}=\delta_{中}A_{中}+\delta_{外}A_{外} \qquad (2\text{–}3)$$

式中：$L_{总}$——路网中规划轨道交通线路总长度，km；

$\delta_{中}$——城市中心区面积线网密度指标，km/km^2，通常取0.33；

$A_{中}$——城市中心区用地面积，km^2；

$\delta_{外}$——城市外围区面积线网密度指标，km/km^2，通常取0.25；

$A_{外}$——城市外围区用地面积，km^2。

三、轨道交通线网规划方法

（一）点线面要素层次分析法

点线面要素层次分析法以城市结构形态和客流需求特征为基础，对基本的客流集散点、主要的客流分布、重要的对外辐射方向及线网结构形态进行分层研究，注重定性分析和定量分析相结合，静态与动态相结合，近期与远景相结合，经多方比较而成。

城市轨道交通线网规划是一项庞大而复杂的工程，因此线网构架研究必须分类、分层进行。“点”“线”“面”既是三个不同的类别，又是三个不同层次的研究要素。“点”代表局部、个体性的问题，即客流集散点、换乘节点和起终点的分布；“线”代表方向性问题，即轨道交通走廊的布局；“面”代表整体性、全局性的问题，即线网的结构和对外出口的分布形态。

1.“点”的分析

客流集散点即客流发生点、吸引点和客流换乘点，是轨道交通设站服务、吸引客流的发生点。在进行轨道交通线网规划时，将主要的客流集散点连接起来，有助于轨道交通吸引客流，便利居民出行。

2.“线”的分析

“线”的分析是研究道路交通网络，即城市客流流经的路线，尤其是主要交通走廊，是分析和选择轨道交通线路走向的基本因素。而城市道路网络的布局，又会影响轨道交通线路走向和线网构架形式，所以“线”的研究重点，就是要寻找客流主方向及交通走廊，并将城市内大客流集散点串联起来。轨道交通线路走向与主客流方向一致，可增加乘客的直达性，既方便乘客，又可提高轨道交通的经济效益。城市主要客流流经路线，总是沿道路网络分布，而主干路往往又是城市主要的客流交通走廊，同时主干路施工条件一般较好，是轨道交通的首选通道。

3.“面”的分析

在进行轨道交通线网构架方案研究时，“面”上的因素是控制构架模型和形态的决定性因素，这些因素包括城市地位、规模、形态、对外衔接、自然条件、土地利用格局以及线网作用和地位、交通需求、线网规模等特征。

点线面要素层次分析法的优点在于能够充分吸收规划人员的经验，便于从总体上把握线网的总体构架；其缺点是过分依赖经验，对未来客流需求特点的确切把握和反应不够。

（二）功能层次分析法

功能层次分析法根据城市结构层次和组团的划分，将整个城市的轨道交通线网按功能分为3个层次，即骨干层、扩展层和充实层。骨干层与城市基本结构形态吻合，是基本线网骨架；扩展层在骨干层基础上向外围扩展；充实层是为了增加线网密度，提高服务水平。

（三）逐线规划扩充法

逐线规划扩充法是以原有的轨道交通线网为基础，进行线网规模扩充，以适应城市发展。为此，必须在已建线路的基础上，调整规划其他未建线路，来扩充新的线路，并将每条线路依次纳入线网后，形成最终的线网规划方案。

这种方法的优点是投资效益高，便于迅速缓解城市交通最严重的拥挤路段；缺点是不易从总体上把握线网构架，不易起到引导城市发展、形成合理城市结构的作用。

（四）主客流方向线网规划法

主客流方向线网规划法是根据城市居民的交通需求特点，确定近期最大限度满足干线交通需求、远期引导合理城市结构和交通结构形成的功能要求，进行初期、近期和远期交通需求空间分布的量化分析，结合定性分析，提出若干轨道交通线网规划方案。具体做法是在现状和未来道路网上进行交通分配，按照确定的原则绘制流量图，根据流量图确定主客流方向，然后沿主客流方向布线提出若干线网规划方案。

该方法注重对决定轨道交通线网的主要因素进行分析，客观上同点线面要素层次分析法的思路异曲同工，不同的是大大降低了对经验的依赖，减少了点线面分析的工作量，是值得推荐的方法。

（五）效率最大优化法

效率最大优化法是以路线效率最高为目标，根据已知条件搜索出路线效率最大的一条或几条线路，作为最优轨道交通路线集来研究线网的基本构架。

四、轨道交通线网综合方案评价

一个好的线网方案要具备好的交通运输效果、合理的线路布局和线路走向，并与城市的总体规划和城市的未来发展相适应。对线网方案进行评价优选，需要综合考虑每个线网的优缺点，是定性和定量分析相结合的多目标决策问题。评价时，首先要选择能反映线网优劣程度的评价指标，其次分析这些指标在评价轨道线网方案时的权重，再次计算不同方案的各指标得分，最后分别计算各方案的综合评判值，从而确定最优方案。

（一）评价指标

1.轨道线网的总长度（L）

轨道线网的总长度指规划轨道交通线网各条线路长度之和，是宏观评价轨道交通静态线网的投入性指标，在功能和效果相同的条件下越小越好。

2.轨道线网承担的日客运总量（Q）

轨道线网承担的日客运总量指规划年度轨道线网各线路客运量之和，它反映了轨道线网的客运能力。在轨道线网规模相同的情况下，承担的客运量越大越好。

3.轨道线网承担的客运量占公交总客运量的比例

轨道交通在大城市公共交通结构中起着骨干作用，轨道线网在城市公交总运量中承担的比例是这种骨干作用的体现。承担比例过低，反映了线网规划不合理；线路单一未形成网，容易导致客流吸引强度不够，说明发展轨道交通的必要性不足等。一般地，轨道交通线网所承担的公交客运比例应不低于30%。轨道交通在公交客运量中承担的比例，可用式（2-4）计算：

$$r = \frac{R}{Q} \tag{2-4}$$

式中：r——轨道线网所承担的公交客运量比例，%；

R——轨道的全日客运量，万人次/日；

Q——公交全日总运量，万人次/日。

4.轨道线网的直达率和一次换乘率

轨道线网的直达率和一次换乘率是衡量乘客直达目的地的指标，同时也是衡量轨道线网布局和车站布局合理程度的指标。其值分别为利用轨道交通出行可以直达目的地的人次和在轨道线网中需中转换乘一次方能到达目的地的人次占轨道交通线网总出行人次的比例，直达率越高的轨道线网越好。

5.线路的负荷强度

轨道线网线路上的客运量要与其运能相适应，往往用线网上的线路客流负荷强度来衡量。负荷强度是反映运营效率和经济效益的一个重要指标，用线网上每千米线路每日平均承担的客运量表示，用式（2–5）计算。

$$q=\frac{R}{L} \tag{2–5}$$

式中：q——线路负荷强度，万人次/日・km；

R——轨道线网的全日客运量，万人次/日；

L——轨道线网的线路总长度，km。

6.轨道线网平均运距

城市轨道交通运量大、速度快，主要承担城市主客流方向上的中、远程乘客的运输，可以缩短这部分乘客的乘车时间，有利于吸引客流。轨道线网的平均运距定义为乘客利用轨道交通的走行距离的算术平均值，用式（2–6）计算。

$$\overline{l}=\frac{\sum_{i} l_i}{R} \tag{2–6}$$

式中：$\overline{l}$——轨道线网平均运距，km；

l_i——第i名乘客利用轨道交通的走行距离，km；

R——轨道交通线网的全日客运量，万人次/日。

平均运距越大，说明轨道运送的乘客中，中、远程乘客所占的比例就越大。可根据线路性质判断某条轨道交通线路的合理平均运距。

7.轨道线网对地面常规公交负荷量的疏散效果

轨道交通实施后的效果可以通过比较轨道交通建成前后常规公交的负荷水平来平衡，常规公交的负荷水平体现在公交线路承担客流量的大小。对常规公交疏散效果明显且均匀的轨道线网较好。

（二）评价方法

在众多的评价指标中，每一个评价指标只能反映城市轨道交通线网规划在某一侧面的优劣，各种方案对不同指标的优劣排序往往是不一致的，因此，要决定线网规划方案在总体上的优劣，必须将评价指标及单目标的评价结果统一到同一个标准尺度上，这包括权重的划分和指标的综合两个方面的内容。权重的划分是确定各评价指标之间的相对重要性，是根据各种规划方案针对某一指标的分析结论给出各种规划方案对该指标的优劣排序。指标的综合指的是在前述权重的基础上计算各种规划方案的总评分。

第四节　轨道交通场站规划

一、场站分类

轨道交通场站是轨道交通中最复杂的建筑物。按场站与地面相对位置，可分为地下车站、地面车站和高架车站；按场站的运营性质，可分为终点站、一般中间站、中间折返站和换乘站等；按场站结构形式和施工方法，可分为明挖站、暗挖站等；按场站站台形式，可分为岛式车站、侧式车站、一岛一侧、一岛两侧等车站形式；按场站服务的对象及功能，可分为城市标志站（作为城市的象征或著名建筑物）、与干线或机场等交通连接的换乘枢纽站（完成与机场或其他交通方式的接续运输过程）、市郊地区车站、农村地区车站等。因此，城市车站要根据自身特点来设计。下面详细介绍场站按照运营特点划分的分类方式。

（一）中间站

仅供乘客上、下车之用，是轨道交通线路中最常见的一种车站，尤其是在轨道交通线网建设初期，线路交叉点数目不多的时候。

（二）区域站

区域站是在车站内有尽端折返设备的中间站，能使列车在站内折返或停车。有了区域站，就可以在与之邻接的两个区段上组织不同密度的行车。一般至市中心区的那个区段密度较高，而至郊区的那个区段密度较低。

（三）联运站

联运站是单向具有一条以上停车线的中间站。其站台可用天桥或隧道相联系，因此亦可起换乘站的作用。一般在线路上每隔几个中间站便设一个联运站。

（四）枢纽站

枢纽站位于轨道交通线路分岔的地方，其中有一条是正线，可以在两个方向上接车和发车。

（五）换乘站

换乘站是能够使乘客从一线到另一线转乘的车站。它除了配备供乘客上下车的站台、楼梯或电梯之外，还要配备供乘客由一线站台至另一线站台的设施，这些设施形式多样。

（六）终点站

终点站除了供乘客上、下车外，还用于列车折返及停留，因此终点站一般设有多股停车线。如果线路需要延长时，则终点站可作为中间站或区域站来使用。

（七）车辆段和停车场

轨道交通车辆段分为检修车辆段（简称车辆段）和停车辆段（简称停车场）。在车辆段配备了必要的停车线及检修设备，列车可以在这里进行试运转、段内编组、调车、停放、日常检查、一般故障处理和清扫洗刷，还可以进行车辆的技术检查、月修、定修、架修和临修等作业。停车场是一种简易的车辆段，其与车辆段的差别体现在：线路数目较少，检修设备也较少，因而不能进行定修、架修和月修等技术作业。

二、影响轨道场站布设因素的分析

（一）与城市发展、用地布局及规划模式相关的因素

1.客流分布形态

客流分布的不均匀性决定了轨道站点分布的不均匀性，客流的动态变化性要求为站点的后续建设留有余地。

2.城市土地利用结构及分布形态

土地利用结构及用地规划模式直接关系到客流集散点的集散强度及分布状态，进而影响站点的分布状态。轨道交通线路及站点影响区内的用地功能组织和建筑规划组织，对乘客选择交通工具具有极其重要的影响，并直接关系到居民的出行时间消耗。

3.城市性质及空间扩展形态

城市的性质与地位，决定着轨道交通是否有规划建设的必要性。城市轨道交通站点的分布状态与城市形态的发展态势是相互影响、相互制约的。

4.城市的经济水平

城市的经济水平不仅需要能够承担轨道交通的建设费用，而且对吸引客流规模有直接的影响作用。轨道交通吸引客流规模的大小直接制约着轨道站点的规划布局，城市的经济水平对轨道站点的布设也有着重要的影响。

（二）与路网结构形态相关的因素

1.城市道路网和常规公交网的形态结构

轨道站点必须通过道路网和常规公交网来集散客流，以达到与周边用地衔接，并为之提供可达性的目的。它主要是通过轨道站点与常规公交站点及对外交通枢纽的衔接换乘来实现的，常规公交枢纽与对外交通枢纽对轨道站点的布设也具有重要影响。轨道线路一般沿城市道路进行布设，道路网的格局将影响轨道线路的走向，而道路网的节点处通常也是客流的主要密集场所，这也为轨道站点的选址提供了一种参考。

2.轨道线网自身结构

轨道线网自身结构对站点布设的影响主要体现在轨道线网结构和线路的形式对站点布设的要求上。轨道站点的规划布局与轨道路网的规划布局是分不开的，

两者相辅相成，必须同时进行。

（三）其他影响因素

1.列车行驶技术的要求

列车在站间行驶，单纯从列车性能发挥角度来说，希望站间距均匀分布，并且在一定范围内站间距越大越好，这样能充分发挥列车运行速度快的优势。但受客流分布等其他因素的影响，站间距的均匀分布是不太现实的。站间距只能当作一种约束条件来考虑，需综合考虑多种影响因素来布设轨道站点。

2.工程影响因素

地铁线路的线型、坡度（如既要考虑排水，又要使车辆不产生滑溜）及车站的埋深、数量、车辆类型等直接影响轨道交通的工程造价及运营效率和安全。因此，站点布设时也要考虑施工的可能性。

3.城市人文、地理条件

城市的地质、地形、地貌等自然条件会限制轨道站点的规划选址以及站点内部设施的布局形态，并对站点的建筑结构形式产生深远的影响。站点的规划布局必须遵守国家对历史文物、自然风景区等方面的保护性法规，当站点的选址与之相抵触时必须避让。另外，地面标志性建筑物及地下设施等对站点的选址也有一定的影响，在进行站点布设时，也要考虑保护城市人文地理不被破坏。

三、轨道站点间距的影响分析

（一）对吸引客流的影响

对同一条线路，小的站间距可以使部分步行吸引范围外的客流转化为步行吸引范围内的客流，因而可以吸引更多的步行到站客流。另外，就轨道交通吸引的客流总量来说，小站间距增加了换乘节点，提高了乘客交通出行选择的灵活性，总客流量也会相应增加；而大的站间距主要吸引中长途客流。

（二）对乘客出行时间的影响

通常，较大的站点间距可以提高列车的平均运营速度，减少乘客的车上时间和由于频繁停车而造成的身体不适，但同时也增加了乘客从起点到达车站和从车站到目的地的距离，给出行带来不便。反之亦然。站间距过大或过小都会导致总出行时间较长，而这之间存在某个最优站间距（或者最优站间距的某一邻域），可使总出行时间最小。

（三）对工程造价、运营及沿线土地开发的影响

从工程造价角度来看，大站间距可以减少车站数量，从而节约土建工程投资，但同时也将引起部分客流向邻近车站转移，导致邻近车站规模增大；而小站间距由于车站数量较多，故车站的总投资会相应增大，这样从整条线路上看，大站间距会降低工程造价。

从运营角度来看，站间距小于1km时，列车区间平均运行速度是随站间距的增长而迅速上升的。站间距过大、过小，都会造成居民总出行时间增大。对于地铁而言，站间距只有保持在800～1200m时，到达车站处的步行距离或交通距离才比较合理，能够缩短整个出行时间，提高其运营效益。

从沿线土地开发角度来看，较密的车站设置将进一步带动沿线的土地开发，促使周边土地升值，从而给沿线区域带来巨大的经济社会效益。

（四）对城市轨道交通与其他方式衔接的影响

城市轨道交通与其他交通方式换乘的矛盾主要集中在轨道交通与其他交通方式衔接的协调性上，尽管加密轨道交通车站是轨道交通与其他交通方式实施良好衔接的途径之一，但改善换乘条件的根本出路在于其他交通方式如何与轨道交通配合。

（五）对城市空间结构和城镇体系布局的影响

从车站分布在城市中的作用看，一方面，较大的站间距可以使车站附近发展成为综合的公共活动中心及交通枢纽，并逐渐集生产、行政、商业及文化生活等职能于一体，发展成为吸引居民居住和工作的核心，即“串珠式”的发展模式。另一方面，大站间距可以促进城市土地利用空间结构优化。以轨道车站为核心形成具有相当规模的城市次中心或称边缘城市，使城市发展模式由单中心结构转向多中心结构。而如果站间距设置过密，也可能导致城市“摊大饼”式发展，形成轨道交通沿线长长的“建筑走廊”，增加城市基础设施、城市管理和公共交

通等组织管理的难度，还易造成城市土地集聚效应下降，点轴开发模式效应难以发挥。

四、轨道交通场站设置

（一）场站位置的选择

轨道交通场站位置的选择要满足城市规划、城市交通规划及轨道交通线网规划的要求，满足轨道交通线路设计及运营的要求，并综合考虑该地区的地下管线、工程地质、水文地质条件、地面建筑物的拆迁及改造的可能性等情况合理选定。同时，需要轨道交通的主管部门、城建管理部门及设计部门相互协调，使站间距适宜。

地下车站在整个城市轨道交通系统中，就土建投资而言，所占的比重较大，同时又是客流汇集场所，要求具有良好的通风、照明和卫生设施，所以要合理选择场站的位置。

（二）中间站的设置

中间站按站台形式可分为岛式车站和侧式车站两种。岛式车站的站台位于上下行线路之间，供上下行线路同时使用，站台两端有供旅客上下的楼梯通至地面。当升降高度大于5.5m时，一般要设自动扶梯。侧式车站的站台位于线路两侧，线路用最小间距通过两站台之间。这两种典型形式的特点如下。

1.岛式站台的特点

（1）站台面能够充分利用，当一个方向乘客很多时，可以分散到整个站台宽度上，而侧式站台则不然，它会出现一个方向站台很拥挤，而另一个方向的站台不能充分利用的情形。因此，两个侧式站台的总宽度一般比一个岛式站台的宽度大。

（2）由于所有的行车控制都集中在同一站台上，因此运营方便。

（3）在站台的端部可以借助于自动扶梯和楼梯直接通到地面，使乘客上下十分方便。

（4）对于改变行进方向的乘客，折返比较方便；而侧式站台必须设置必要的设施才能实现换乘。

2.侧式站台的特点

当站台位于地面或高架时，修建侧式站台是有利的。

（1）站台位于地面时，站台上必须安装雨棚，站台外面必须修筑围墙，这种情况下修建过渡性间距的喇叭口是没有必要的（岛式站台需要设喇叭口）。

（2）站台位于高架时，将两条线路都放在中间，可以使最大荷载位于桥梁结构的中间，便于增加结构的稳定性及节省造价。另外，由于空间上的限制，站台处线路不易修成喇叭口而分离，而应该像在区间上一样保持最小间距通过。

（3）乘客的疏散速度快于岛式站台。

五、换乘站的设置

（一）换乘站的设置原则

作为轨道交通系统与其他交通方式联系的纽带，换乘站的设置主要遵循以下原则：

1.尽量缩短换乘距离，换乘路线要明确、简捷，尽量方便乘客。

2.尽量减少换乘高差，降低换乘难度。

3.换乘客流宜与进、出站客流分开，避免相互交叉干扰。

4.换乘设施的设置应满足换乘客流量的需要，且需留有扩、改建余地。

5.应周密考虑换乘方式和换乘形式，合理确定换乘通道及预留口位置。

6.换乘通道长度不宜超过100m，超过100m的换乘通道，宜设置自动步行道。

7.应尽可能降低造价。

（二）换乘方式

根据乘客换乘的客流组织方式，可将车站换乘方式分为站台直接换乘、站厅换乘、通道换乘、站外换乘、组合式换乘5种。

1.站台直接换乘

站台直接换乘有两种方式。一种是两条不同线路的站线分设在同一个站台的两侧，乘客可在同一站台由甲线换乘到乙线，即同站台换乘。这种换乘方式对乘客十分方便，是应该积极寻求的一种换乘方式。另一种是乘客由一个车站的站台通过楼梯或自动扶梯直接换乘到另一个车站的站台，这种换乘方式要求换乘楼梯或自动扶梯应有足够的宽度，以免造成乘客拥挤，发生安全事故。站台直接换乘一般适用于两条线路平行交织，而且采用岛式站台的车站形式。

2.站厅换乘

站厅换乘指乘客由一个车站的站台通过楼梯或自动扶梯到达另一个车站的站厅或两站共用的站厅，再由这一站厅通到另一个车站站台的换乘方式。在站厅换乘方式下，乘客下车后，无论是出站还是换乘，都必须经过站厅，再根据导向标志出站或进入另一个站台继续乘车。由于下车客流只朝一个方向流动，减少站台上人流交织，乘客行进速度快，在站台上的滞留时间少，可避免站台拥挤，同时又可减少楼梯等升降设备的数量，增加站台有效使用面积，有利于控制站台宽度规模。站厅换乘一般用于相交车站的换乘，它的换乘距离比站台直接换乘要长，一般适用于侧式站台间换乘，或与其他换乘方式组合应用，可以达到较佳效果。

3.通道换乘

当两线交叉处的车站结构完全脱离，车站站台相距较长或受地形条件限制不能直接设计通过站厅进行换乘时，可以考虑在两个车站之间设置单独的换乘通道来为乘客提供换乘途径。用楼梯将两座车站站台直接连通，乘客通过该楼梯与通道进行换乘，换乘高差一般为5～6m，这种情况也称通道换乘。通道换乘设计要注意上下楼的客流组织，更要避免双方向换乘客流与进出站客流的交叉紊乱。

通道换乘方式布置比较灵活，对两线交角及车站位置有较大的适应性，预留工程少，甚至可以不预留，容许预留线位置将来可以少许移动。换乘通道，一般应尽可能设置在车站的中部，并避免和出入站乘客交叉。

4.站外换乘

这种换乘方式指乘客在车站付费区以外进行换乘，实际上是没有专用换乘设施的换乘方式。它主要用于下列情况：

（1）高架线与地下线之间的换乘，因条件所迫，不能采用付费区内换乘的方式。

（2）两线交叉处无车站或两车站相距较远。

（3）规划不周，已建线未作换乘预留，增建换乘设施十分困难。

采用站外换乘方式，往往是无线网规划而造成的后遗症，不予推荐。由于乘客增加一次进、出站手续，再加上在站外与其他人流交织及步行距离长，换乘不

方便。对于轨道交通自身而言，是一种系统性缺陷的反映。因此，站外换乘方式在线网规划中应尽量避免。

5.组合式换乘

在换乘方式的实际应用中，往往采用两种或几种换乘方式组合，以达到完善换乘条件，方便乘客使用，降低工程造价的目的。例如，同站台换乘方式辅以站厅或通道换乘方式，使所有的换乘方向都能换乘；站厅换乘方式辅以通道换乘方式，可以减少换乘预留工程量等。上述组合式换乘，都是从功能上考虑，不但要有足够的换乘通过能力，还要有较大的灵活性，为工程实施及乘客换乘提供方便。

第三章　城镇沥青混凝土道路施工

第一节　沥青混凝土道路概述

沥青路面是目前各级各类道路上常用的路面面层。根据沥青路面的材料组成和施工的不同，将沥青路面分为沥青表面处治、沥青贯入式、沥青碎石、沥青上拌下贯式和沥青混凝土路面5种。对于层铺法施工的沥青表面处治和沥青贯入式施工，是采用现场分层铺、压石料并喷洒沥青、撒布嵌缝料的施工法；沥青碎石和沥青混凝土施工，必须采用集中场拌、再运输到施工现场摊铺、碾压的方法。沥青表面处治也可采用场拌运输到现场摊铺并碾压的施工方法。所有沥青路面层都要在验收合格的基层上进行施工。当使用场拌沥青混合料、自卸槽斗车运送、热拌热铺、碾压成型的施工方法时，都需要根据施工技术规范和有关规定，结合工程的控制特点，科学安排施工程序与工艺。

一、沥青路面施工一般要求

（一）原材料进场要求

场拌沥青混凝土所用原材料及施工配合比必须经过实验合格方可使用。外购原材料必须由生产厂家出具合格证、试验报告和批量进料单，在工地施工方试验室、驻地监理试验室和第三方甲级试验室同时抽样检验，当三方试验结果吻合并具有见证试验报告为合格的材料方可使用。

1.粗集料

沥青混合料的粗集料通常指碎石，一般要求洁净、无杂物，石质坚硬、表面粗糙、形状接近立方体的玄武岩类碎石。粒径规格要求质量稳定并满足配制合成矿料的级配要求。

2.细集料

沥青混合料的细集料通常使用砂或石屑，细集料必须使用优质中粗砂，应洁净、坚固、无杂物和其他有害物质；粒径规格应稳定，并能满足配制合成矿料级配的要求。

3.填料

沥青混合料中的填料常用矿粉，矿粉必须使用石灰岩或岩浆岩中的碱性、憎水性石料经磨细成矿粉。石料应洁净、坚硬、干燥、无土块或其他杂物。填料（矿粉）应妥善保存，并保持干燥、不得受潮结成团块，禁止使用回收粉尘代替填料。

4.结合料（基质沥青与改性沥青）

沥青混合料中的结合料，系指沥青。它是根据工程特点和气候分区合理选择合格的沥青材料。如基质沥青应使用重交通道路石油沥青，标号宜为AH-90。改性沥青宜采用聚合物改性沥青，改性剂选择单一改性剂，热塑性橡胶类的（SBS）—苯乙烯-丁二烯-苯乙烯嵌段共聚物，可优先使用分子结构为星型的SBS。

5.稳定剂

稳定剂宜采用木质素纤维，能承受250℃的高温，并保持化学稳定，对环境和人体不造成危害。纤维应妥善保存，保持干燥、呈絮状，严防受潮结块，否则不得使用。木质素纤维的掺量以混合料的质量百分率计，一般控制在0.3%～0.4%。混合料运至施工现场时，质量应符合规范要求，到场温度、外观质量及相关材料报告应符合要求。经现场验收合格后应方可进行摊铺施工。

（二）施工阶段要求

1.施工测量

施工前及时进行工作面高程、横坡等测量，按设计给定的面层高程、厚度、横坡等指标进行测量，根据测量结果钉桩挂基准线，每10m钉一个桩，事先确定不同横坡段及渐变段，小弯道及超高部位每5m钉一个桩。拟定施工质量控制措施，并经测量专业工程师确认。

2.工作面清理

在对路肩破损混凝土方砖处理完毕后，必须对工作面进行清理，以达到工作面干净无杂物的要求。

3.交通导改与封闭

工作面清理完毕后必须断绝交通，除运料车辆外，完全封闭。然后组织专门人员对需做局部处理的地方进行处理。

4.透层油喷洒

摊铺前对以验收的基层进行清扫，清除杂物后开始喷洒透层油，油量为1.0kg/m^2，在透层油上撒铺3m^3/100m^2的石屑小料，进行滚动轮压，封闭交通48h，开始沥青混凝土摊铺。施工人员到位，分工明确，组织管理系统健全有效。

5.机械的调配

摊铺机要求性能先进，全部操作计算机化、自动化，能自动找平及双侧通过传感器，可通过外面的基准线测出纵、横坡度。摊铺机（如德国进口的ABC423）数量至少要二用一备，施工中底层及基层的施工建议采用多台同型号同机型摊铺机成梯队联合作业，相邻两摊铺机的距离应为10m左右，全宽一次完成，完全消灭纵向冷接缝，减少横缝，保证路面的平整度。混合料生产供应必须有保障，并能满足施工进度要求。

6.混合料运输

可使用载重一般为20t左右的自卸汽车运输，每车必须备有苫布。运输车辆数量要保证施工现场有运料车等候卸料，供料连续，车辆型号尽量统一。车厢应涂刷适量的防黏剂。经外观和温度检验合格后，方可运往摊铺现场。

7.卸料的监管

卸料必须由专人指挥，混合料卸料揭开苫布前，经监理现场外观和温度检验合格后方可进行摊铺。卸料车应缓慢倒车向摊铺机靠近，停在距摊铺机0.3~0.5m处，由摊铺机前行与之接触，两机接触后即可卸料，卸料车挂空挡，由摊铺机推动向前行驶，直至卸料完毕离去。每车料从生产到卸料时间应控制在8h内。

8.混合料的摊铺

在进行大面积正式铺筑前，一般要选择长度不小于200m且与铺筑路段条件相同的或相近的路段进行试验段施工。其目的是检验施工组织、施工工艺、机械设备与组合是否适宜，同时通过实验路段的铺筑确定摊铺系数、摊铺与碾压温度以及碾压遍数等施工参数，以及验证沥青混凝土配合比质量。

（1）试验路段摊铺

摊铺试验路段工作开始时，摊铺机处于冷状态，自动控制部分不十分正常，而且起步时计算机控制的调整也需要时间和距离，在这段调整距离内，测量人员要每5m测量纵向及左右两点的高差，以掌握横坡及高程是否符合要求，一般需要调试2～3次。当摊铺机进入正常工作后，每10m测一次纵、横断面的高程，以便控制纵、横坡度与设计相符。

当采用两台摊铺机联合作业时，相邻距离为10m左右，必须考虑加宽段的施工工艺，当两台摊铺宽度不能满足时，用备用的摊铺机进行加宽段铺筑，避免人工摊铺造成纵向出现接缝。为进一步保证质量，摊铺机走基准线，基准线测放好后，摊铺机就位，进行预热调试，摊铺机起步10m以内人工细致找补及调整。摊铺厚度为设计厚度乘以松铺系数，此数据来源于试验路段。在摊铺过程中，监理人员要上、下午对现场取样的沥青混合料各做一组试验，测出混合料的稳定值、流值和筛分情况，以便发现问题及时调整。对雨淋料、花料、糊料一律不准上机。摊铺速度要保持恒速、连续，不应时快时慢，无特殊情况不得中途停止，一般控制在2～4m/min，具体可根据混合料供应情况和摊铺机数量及配合情况适当进行调整。摊铺温度不低于160℃。摊铺环境：当地面温度低于15℃时，不宜摊铺；雨天及雨后地面有水或潮湿时及预报降水概率大于60%时，不得进行铺筑。

（2）试验路段碾压

碾压压路机选用振动压路机及钢轮静力压路机。碾压一般分为三个阶段，即初压、复压和终压。

碾压时，专业工程师必须测试摊铺后的油面温度，标出初压、复压、终压施工段，可以插小旗方式控制，前方以跨越小旗半个压路机身为控制线，后方以重叠5～8m为原则，以便控制碾压合理、全面、均匀。压路机应在每天正式开工前加水、加油并调试好，防止黏轮可采用清水加洗衣粉调成的混合液进行喷涂，水量不宜过大，以不黏轮为原则。压路机在当天铺筑油面上应保持连续行走状态，施工过程中加水、加油及调整，应在终压完毕的油面上进行，严禁油温高时停机造成凹陷而影响平整度，严禁在未成活的油面上转弯或错轮。压路机停机和起步时应保证慢起步、慢停机，尽量减少摊铺机暂停次数。无论是初压、复压、终压，碾压的基本原则为在直线段和未设超高的曲线段，由外侧纵向平行于路中心线逐步向路内侧碾压；在超高曲线段则由低向高，先轻后重。第一遍碾压在边缘处应预留20cm边不压，待第二遍碾压时将其压实，以防产生推移和纵裂。初压选用8～10t的中轻静力钢轮压路机，紧随摊铺机后进行，碾压速度宜与摊铺速度相近，一般在1.5～2km/h，碾压遍数为1～2遍。也可选用振动压路机在停振或微振状态下进行碾压。复压选用12t以上的振动压路机或12～15t的静力三轮压路机，紧随初压后进行，碾压温度不宜低于150℃。碾压速度宜控制在2.5～4km/h之间。碾压遍数一般在2～3遍。终压以消除复压留下的轮迹为主，采用静力钢轮和停振的振动压路机碾压，碾压温度控制在120℃以上，碾速4～5km/h，碾压遍数一般在1～2遍。

（3）试验路段接缝

接缝设置的原则是力求将接缝数量减到最少，必须设缝时应尽量采用热接缝。纵缝宜采用热接缝。

两台或多台摊铺机平行作业，后摊铺带与前一摊铺带有一定重叠，使接茬处有足够的混合料，一般为5cm，熨平板延伸到前一摊铺带5～10cm。接缝处碾压最好全幅一起碾压，前一摊铺带必须先压时，靠近后一摊铺带侧需留有20～30cm暂不压，留到后一摊铺带一起碾压。

横缝大多为冷接缝，采用垂直端面平接缝，设计方法建议用挡木法或切缝法。端面处理时，在下次摊铺前端面涂刷适量黏接沥青。横缝碾压采用双轮或三轮钢轮压路机先横向跨缝碾压，第一遍碾轮大部压在已完的路面上，只有6～15cm压在新铺的一侧，以后每压一遍向新铺的一侧延伸15～20cm直至全部碾轮压在新铺的一侧，然后改为纵向碾压，直至达到要求的密实度为止。同时对每道横缝应用3m直尺检查平整度。相邻上、下两层横缝的位置应错开1m以上。

沥青混凝土路面摊铺、碾压完毕，要达到平整密实，无泛油、松散、裂缝，平整度、密实度、厚度、宽度均应符合规范要求和设计要求。

9.初期保护

铺筑层在碾压完毕尚未冷却到50℃以下前应暂不开放交通，包括通行车辆，特别是轴重大或施工时间在气温高的夏季尤为重要，如必须提前开放交通时，需洒水冷却强制降温。

在开放交通前，应禁止重型施工机械，特别是重型压路机停放。在开放交通

初期，应禁止车辆急刹车和急转弯。

10.新旧路面接茬施工要求

当道路施工有新旧路衔接时，为避免由于路基的不均匀沉降致使路面开裂，建议采取如下控制措施：将新旧石灰粉煤灰碎石结构的接缝做成台阶状，并在接缝处的石灰粉煤灰碎石顶面上铺土工格栅，摊铺底层油时，将油面接缝和石灰粉煤灰碎石接缝错开1～2m。

二、沥青混凝土摊铺机械的选择

施工中采用的摊铺机是一种用于将拌制好的混合料，按路面的形状和要求厚度均匀摊铺在已经整好的路基上，并进行初步捣实和整平作业的机械。应用摊铺机进行路面施工，既可大大缩短摊铺时间，减轻操作人员的劳动强度，又可提高路面的摊铺质量。沥青混凝土摊铺机是专门用于摊铺沥青混凝土路面的施工机械，可一次完成摊铺、捣压和熨平三道工序，与自卸汽车和压路机配合作业，可完成铺设沥青混凝土路面的全部作业。

（一）摊铺机械类型

1.按移动方式分类

摊铺机可分为拖式摊铺机和自行式摊铺机两种。拖式摊铺机要靠自卸汽车牵引移动，生产率和摊铺质量都较低，应用较少。

2.按行驶装置分类

（1）轮胎式沥青混凝土摊铺机

自行速度较高，机动性好，构造简单，应用较为广泛。

（2）履带式沥青混凝土摊铺机

特点是牵引力大，接地比压小，可在较软的路基上进行作业，且由于履带的滤波作用，使其对路基不平度的敏感性不大。缺点是行驶速度低，机动性差，制造成本较高。

（3）复合式沥青混凝土摊铺机

综合应用了前两种摊铺机的特点，工作时用履带行走，运输时用轮胎，一般用于小型摊铺机，便于转移工作地点。

3.按接料方式分类

（1）有接料斗的沥青混凝土摊铺机

可借助于刮板输送器和倾翻料斗来对工作机械进行供料，特点是易于调节混合料的称量，但结构复杂。

（2）无接料斗的沥青混凝土摊铺机

将混合料直接卸于路基上，优点是结构简单，但混合料的计量精度较低。

（二）沥青混凝土摊铺机的使用

摊铺机可同时完成几道工序，即根据路基横断面和纵断面的要求摊铺混合料、初步捣实和熨平路面、不停车接料、向路基输送混合料和沿摊铺宽度分布混合料等。

1.选型要求

在工程施工前选用沥青混凝土摊铺机时，应对摊铺机考察以下几个方面。

（1）对作业系统的要求

如输送器和螺旋摊铺器的工作速度的调节误差，作业宽度能否随路基宽度变化，捣实-平整装置的作业宽度可否展宽并实现单侧调节，熨平加热装置的工作温度应大于100℃，且预热时间应小于20min等。

（2）对作业性能的要求

对摊铺机作业的宽度、厚度、速度、拱度和坡度等参数，以及摊铺成型精度和摊铺成型质量方面提出误差要求。

（3）对行驶性能的要求

除了行驶速度之外，还应对摊铺机在坡道上的行驶性能，以及直线行驶时的跑偏量等提出要求。

2.施工准备

在摊铺机进行施工前，应进行必要的施工准备。施工准备主要有下列几项内容。

（1）根据路面的总宽度，计算所需摊铺带的条数和每条带的宽度，作为选择加宽装置的依据。用一台摊铺机施工时，摊铺带的条数可按下式计算：

$$n=(B-x)/(b-x) \tag{3-1}$$

式中：n——摊铺带的条数。

B——作业面的总宽度，m。

b——熨平板的总宽度，m。

x——相邻两条摊铺带的重叠量，m，一般可取0.025 ~ 0.080m。

（2）为使摊铺机能直线行驶以保证各条摊铺带纵向接缝的厚薄均匀，应在摊铺机的边侧设一导线来控制。为了避免因轮胎变形而造成摊铺层的厚薄不均，应使轮式摊铺机的轮胎保持足够的气压。

（3）调整好熨平板的离地高度、工作角度和拱度。方法是在摊铺前用两块相同厚度的木块（一般木块厚度为摊铺层压实厚度的1.15 ~ 1.2倍，如铺筑5cm厚的路面时，木块应为6cm厚），放在熨平板两侧的下面，作为基准高度，为减轻熨平板在摊铺时的前移阻力，还应使熨平板与水平面有一个微小夹角（即为熨平板的初始角，约为15°　~ 40°　）。为此，在熨平板安置好后，还需转动厚度调节手柄以使熨平板的前端台高约2mm左右；在调整好熨平板的宽度后，还需借助于标尺读数，对熨平板的拱度作 ± 3%的调整。

（4）在施工前应根据摊铺宽度b、厚度h以及拌合设备的输出能力Q，合理选定摊铺机的工作速度，以最大限度地减少停机待料时间，提高摊铺质量和进度。

此外，摊铺机工作速度v也可按下式确定：

$$v=(100QC)/(60bh) \tag{3-2}$$

式中：b——摊铺宽度，cm。

h——压实后的摊铺厚度，cm。

Q——拌合机产量，t/h。

C——效率系数，根据材料供应、运输能力等配套等情况确定，一般为0.6 ~ 0.8。

（5）摊铺机的生产率。沥青混凝土摊铺机的生产率是摊铺机每小时摊铺混合料的吨数，其计算公式如下：

$$Q=bhv\rho K_s \tag{3-3}$$

式中：Q——摊铺机的生产率，t/h。

h——摊铺带的厚度，m。

b——摊铺带的宽度，m。

v——摊铺机的工作速度，m/min；为避免产生摊铺裂缝，应不大于8～10m/min。

ρ——混合料的密度，t/m^3；一般取2～2.5t/m^3。

K_s——时间利用系数，min/h；一般取0.75～0.95。

3.施工过程

卸料时，应使自卸汽车对准摊铺机的料斗并防止碰撞，然后先卸下1/4～1/3的混合料，其余逐渐卸下，这样可减小轮胎变形对摊铺厚度的影响。

摊铺开始时，应根据混合料的规格，使闸门开在最小（一般，对粗料开大些，细料开小些），以使混合料逐渐进入摊铺室，且要保证摊铺室的混合料基本恒定（最适当的混合料数量是料堆高度齐平或略高于螺旋摊铺器的轴线，即以稍能看见螺旋叶片或刚盖住叶片为宜），同时，在混合料被螺旋摊铺器分送到摊铺室两头，刚触及端面板时机器才能起步。

摊铺中，一条摊铺带应连续完成，同时，作业速度应连续而稳定均衡，这样才能保证摊铺层的质量。

摊铺结束后，应及时清除黏附在熨平板上的沥青混合料，以备下次再用。

三、沥青混合料拌合机械选择

沥青混合料拌合机械可分为间歇强制式和连续滚筒式两种。

间歇强制式搅拌设备的特点是冷矿料烘干、加热以及沥青拌合等。先后在不同设备中进行，即经配合的多种冷矿料在干燥筒内烘干、加热后经二次筛分、储存，每种矿料分配累计计量后，与单独计量的沥青等，按照预先高定的程序及配比，分批投入搅拌器内进行强制搅拌，成品料分批卸出。

连续滚筒式搅拌设备的冷矿料烘干、加热与热沥青的拌合是在同一滚筒内进行。拌合方式为非强制式，依靠矿料放置滚筒内自行跌落而实现被沥青裹覆。

四、沥青路面压实机械选择

（一）压实机械的组合及参数要求

1.光轮压路机

（1）光轮压路机的作业特点

压实路基时应尽力提高其强度和稳定性。作业的特点是“先轻后重、先慢后

快、轮迹重叠”。所谓先轻后重，是指初压时用轻型压路机，随着碾压次数的增加，可改用中型或重型压路机进行重压；所谓先慢后快，是指初压时考虑到土壤较松散应使用低速，以使作用时间长些、作用力度大些，随着碾压次数的增加，应采用较高的工作速度，以提高作业效率；所谓“轮迹重叠”，是指在压实过程中，应保持压路机行驶的直线性，使相邻压实带有1/3的叠量，并根据土壤性质和压实层厚度来增减配重，以调节单位线压力，获得最佳的碾压质量。

压实路面时，应着眼于获得表面最大的密实度，以保证砌铺层在承载后的相对稳定，其作业特点与压实路基基本一样，也是先轻后重和先慢后快。在碾压中还应注意：相邻压实带应重叠0.2～0.3m；驱动轮应超过两段铺筑层接缝0.5～1.0m；路面两侧应多碾压2～3遍等。总之，压路机的选用与使用应根据土壤性质、工程量大小等严格按有关规范进行。

（2）光轮压路机的使用

实际使用中，压路机的作业速度应根据碾压工艺规范来选定，为了提高压路机的生产率，在开始碾压时工作速度应低一些，以后随着碾压次数的增加可逐渐提高工作速度。一般取为1.3～4km/h，其中每一遍的碾压速度为2～2.5km/h。压路机的运输速度与碾压工艺规范无关，一般取为6～8km/h，最高速度达12km/h。

此外，光轮压路机在正常的使用条件下，各个挡位的工作时间也应合理分配。

为了使压实层得到最佳密实度而所需的压路机碾压次数，不仅与压路机的参数有关，而且与土壤的类型和状态有关。一般压实低黏性土时，平均碾压次数为4～6次；压实黏性土时，平均碾压次数为10～12次。

（3）光轮压路机的生产率

压路机的生产率按单位时间内所压实的面积来计算，公式如下：

$$Q=[60(B-b)LK]/(nL/v) \qquad (3\text{-}4)$$

式中：Q——生产率，m^2/h。

B——次碾压的宽度，m。

L——碾压带的长度，m。

b——相邻碾压带的重叠宽度，m；一般取B/3。

v——工作速度，m/s。

n——在同一处所需碾压的次数。

K——时间利用系数，一般取0.75～0.90。

2.振动压路机

（1）振动频率的选用。振动压路机的振动频率对压实效果有很大影响，通常振动频率在25～50Hz，但还应视作业对象而定。

当用于压实大体积土壤和岩石填方的厚铺层时，适宜的振动频率为25～30Hz，如再采用较大振幅，将能达到很高的压实密度。

用于压实沥青混合料层时，适宜的振动频率为33～50Hz，最佳振幅为0.4～0.8mm。

此外，压实表层时可采用高频振动、小振幅，压实基层时可采用低频振动、大振幅。

（2）运行速度和碾压次数的选用。振动压路机的运行速度和碾压次数对压实质量和生产率有显著的影响，在铺层厚度定时，压实质量与碾压次数成正比，与运行速度成反比。

经验表明，自行式振动压路机的运行速度宜在1～6km/h，也可由振动频率f按公式$v=0.2\sqrt{f}$来确定。

振动压路机碾压砂质沥青混合料时，碾压速度、碾压遍数和生产率之间有相关的关系，可由试验路段得出。

在碾压土壤和岩石等大面积填方时，振动压路机的最佳运行速度为3～6km/h。在大型工程中，对于摊铺压实的土壤和厚铺层，推荐的碾压速度为3～4km/h。

（二）压实方案的选择

在实际工作中，需要结合摊铺机的生产率、摊铺厚度、混合料特性和施工现场的具体条件等因素来选择压路机的种类、大小和数量。下列国内外的研究和实践成果，对选择压路机形式有较大帮助。

1.对于沥青混合料，振动压路机比普通静力压路机具有更好的压实效率，大多数国家都有使用双驱双振压路机的趋向。但钢轮压路机容易形成表面发裂，故钢轮碾压之后，应有轮胎压路机糅合裂纹。

所以，轮胎压路机也是压实沥青面层不可缺少的机械之一，应与钢轮振动压路机联合使用。

2.使用振动压路机时，在一定范围内增加线压力可以改善压实效果，对于大中型振动压路机，最佳线压力范围为300～40N/cm。很多高速公路施工中均规定线压力不宜小于350N/cm。

3.压实沥青混合料时最适用的频率范围为40～55Hz，最适用的振幅范围是0.3～0.5mm。为了适应不同沥青混合料的压实力需要，振动压路机要能通过变化频率和振幅来改变振动强度。

4.压路机的数量要根据具体工程确定，在工程开始时，在以往工程经验的基础上进行初步选择，由于混合料的冷却速率、压实遍数及其他因素等难以确定，只有在试验路段上仔细观察、测量、试验后才能最终确定。

在混合料温度、厚度、下承层温度变化的条件下，研究混合料冷却速率表明：利用温度参数可以相当准确地估算有效压实时间，即混合料从摊铺后的温度冷却至最低压实温度所需的时间，再根据摊铺速度、宽度和压实速度，即可确定压路机的需要量。

第二节　沥青混凝土道路施工工法

一、沥青表面处治和沥青贯入式路面施工

沥青表面处治是用沥青和细集料铺筑的厚度不大于3cm的一种薄层，适用于三级及三级以下公路的沥青面层。各种封层适用于加铺薄层罩面、磨耗层、水泥混凝土路面上的应力缓冲层、各种防水和密水层、预防性养护罩面层。沥青表面处治与封层宜选择在干燥和较热的季节施工，并在最高温度低于15℃到来以前半个月及雨季前结束。

（一）层铺法沥青表面处治施工

1.材料规格和用量

沥青表面处治可采用道路石油沥青、乳化沥青、煤沥青铺筑，沥青标号应按

相关规定选用。沥青表面处治的集料最大粒径应与处治层的厚度相等，其规格和用量宜按规定选用。沥青表面处治施工后，应在路侧另备S12（5～10mm）碎石或S14（3～5mm）石屑、粗砂或小砾石（$2\sim3m^3/1000m^2$）作为初期养护用料。

2.层铺法施工程序与工艺

沥青表面处治施工应确保各工序紧密衔接，每个作业段长度应根据施工能力确定，并在当天完成。人工撒布集料时应等距离划分段落备料。

三层式沥青表面处治的施工工艺应按下列步骤进行。

（1）清扫基层并喷洒透层油

在清扫干净的碎（砾）石路面上铺筑沥青表面处治时，应喷洒透层油。在旧沥青路面、水泥混凝土路面、块石路面上铺筑沥青表面处治路面时，可在第一层沥青用量中增加10%～20%，不再另洒透层油或粘层油。

（2）撒布第一层沥青

层铺法沥青表面处治路面宜采用沥青洒布车及集料撒布机联合作业。沥青洒布车喷洒沥青时应保持稳定速度和喷洒量，并保持整个洒布宽度喷洒均匀。小规模工程可采用机动或手摇的手工沥青洒布机洒布沥青。洒布设备的喷嘴应适用于沥青的稠度，确保能成雾状，与洒油管成15°～25°的夹角，洒油管的高度应使同一地点接受2～3个喷油嘴喷洒的沥青，不得出现花白条。沥青表面处治喷洒沥青材料时应对道路上的人工构造物、路缘石等外露部分做防污染遮盖。

沥青的洒布温度根据气温及沥青标号选择，石油沥青宜为130℃～170℃，煤沥青宜为80℃～120℃，乳化沥青在常温下洒布，加温洒布的乳液温度不得超过60℃。前后两车喷洒的接茬处用铁板或建筑纸铺1～1.5m，使搭接良好。分几幅浇洒时，纵向搭接宽度宜为100～150mm。撒布第二、三层沥青的搭接缝应错开。

（3）撒布第一层主集料

撒布主层沥青后应立即用集料撒布机或人工撒布第一层主集料。撒布集料后应及时扫匀，达到全面覆盖、厚度一致、集料不重叠、也不露出沥青的要求。局部有缺料时应适当找补，积料过多时应将多余集料扫出。两幅搭接处，第一幅撒布沥青应暂留100～150mm宽度不撒布石料，待第二幅一起撒布。

（4）钢筒双轮压路机碾压

撒布主集料后，不必等全段撒布完，立即用6～8i钢筒双轮压路机从路边向

路中心碾压3～4遍，每次轮迹重叠约30cm。碾压速度开始不宜超过2km/h，以后可适当增加。

（5）循环喷洒沥青与石屑并碾压

第二、三层的施工方法和要求应与第一层相同，但可以采用8t以上的压路机碾压。双层式或单层式沥青表面处治浇洒沥青及撒布集料的次数相应减少，其施工程序和要求参照前面的步骤进行。

（6）施工应注意的事项

除乳化沥青表面处治应待破乳、水分蒸发并基本成型后方可通车外，沥青表面处治在碾压结束后即可开放交通，并通过开放交通补充压实，成型稳定。在通车初期应设专人指挥交通或设置障碍物控制行车，限制行车速度不超过20km/h，严禁畜力车及铁轮车行驶，使路面全部宽度均匀压实。沥青表面处治应注意初期养护。当发现有泛油时，应在泛油处补撒与最后一层石料规格相同的嵌缝料并扫匀，过多的浮料应扫出路外。

（二）沥青贯入式路面

沥青贯入式路面是在初步压实的碎石层（或破碎砾石）上分层浇洒沥青，让沥青贯入石料间隙中，然后再分层撒布嵌缝料，经压实并借助行车压实而形成的一种路面结构层，其厚度一般为4～8cm。但乳化沥青贯入式路面的厚度不宜超过5cm。沥青贯入式路面当其上罩封面层后常用于次高级路面（三级及三级以下公路）的面层，其上不罩封面层，有时用作路面面层与稳定土类基层之间的联结层，以防止反射裂缝向上扩展；国外也有用作路面基层，也可作为沥青路面的联结层。当贯入层上部加铺拌合的沥青混合料面层成为上拌下贯式路面时，拌合层的厚度宜不小于1.5cm。沥青贯入式路面的最上层应撒布封层料或加铺拌合层。沥青贯入层作为联结层使用时，可不撒表面封层料。沥青贯入式路面宜选择在干燥和较热的季节施工，并宜在日最高温度降低至15℃以前的半个月内结束，使贯入式结构层通过开放交通碾压成型。

1.材料规格和用量

（1）沥青贯入式路面的集料应选择有棱角、嵌挤性好的坚硬石料，其规格和用量宜根据贯入层厚度按规定选用。当使用破碎砾石时，其破碎面应符合要求。沥青贯入层主层集料中大于粒径范围中值的数量不宜少于50%。表面不加铺拌合层的贯入式路面，在施工结束后每100m^{2}宜另备2～3m^{3}与最后一层嵌缝料规格相同的细集料等供初期养护使用。

（2）沥青贯入层的主层集料最大粒径宜与贯入层厚度相当。当采用乳化沥青时，主层集料最大粒径可采用厚度的0.8～0.85倍，数量宜按压实系数1.25～1.30计算。

（3）沥青贯入式路面的结合料可采用道路石油沥青、煤沥青或乳化沥青，沥青标号按气候分区参照《公路沥青路面施工技术规范》（JTGF40–2004）中相应要求选用。

（4）贯入式路面各层分次沥青用量应根据施工气温及沥青标号等在规定范围内选用，在寒冷地带或当施工季节气温较低、沥青针入度较小时，沥青用量宜用高限。在低温潮湿气候下用乳化沥青贯入时，应按乳液总用量不变的原则进行调整，上层较正常情况可适当增加，下层较正常情况可适当减少。

2.施工程序与工艺

（1）施工准备。①沥青贯入式路面施工前，基层必须清扫干净。当需要安装路缘石时，应在路缘石安装完成后施工。路缘石应有遮盖。②乳化沥青贯入式路面必须浇洒透层或黏层沥青。沥青贯入式路面厚度小于或等于5cm时，也应浇洒透层或黏层沥青。

（2）施工方法。沥青贯入式路面的施工应按下列步骤进行。①摊铺主层集料。采用碎石摊铺机、平地机或人工摊铺主层集料（铺筑后严禁车辆通行）。撒布后应采用6～8t的轻型钢筒式压路机自路两侧向路中心碾压，碾压速度宜为2km/h，每次轮迹重叠约30cm，碾压一遍后检验路拱和纵向坡度，当不符合要求时，应调整找平后再压。然后用重型的钢轮压路机碾压，每次轮迹重叠1/2左右，宜碾压4～6遍，直至主层集料嵌挤稳定，无显著轮迹为止。②浇洒第一层沥青。采用乳化沥青贯入时，为防止乳液下漏过多，可在主层集料碾压稳定后，先撒布一部分上一层嵌缝料，再浇洒主层沥青。③撒布第一层嵌缝料。采用集料撒布机或人工撒布第一层嵌缝料。撒布后尽量扫匀，不足处应找补。当使用乳化沥青时，石料撒布必须在乳液破乳前完成。④第一次碾压。用8～12t钢筒式压路机碾压嵌缝料，轮迹重叠轮宽的1/2左右，宜碾压4～6遍，直至稳定为止。碾压时随压随扫，使嵌缝料均匀嵌入。若因气温较高使碾压过程中发生较大推移现象时，应立即停止碾压，待气温稍低时再继续碾压。⑤循环洒、撒、压。按上述方

法浇洒第二层沥青、撒布第二层嵌缝料，然后碾压，再浇洒第三层沥青。⑥撒布封层料。按撒布嵌缝料方法与撒布封层料相同。⑦做最后碾压。采用6～8t压路机做最后碾压，宜碾压2～4遍，然后开放交通。⑧做初期养护。沥青贯入式路面开放交通后应按规范要求控制交通，做初期养护。

铺筑上拌下贯式路面时，贯入层不撒布封层料，拌合层应紧跟贯入层施工，使上下成为一体。贯入部分采用乳化沥青时应待其破乳、水分蒸发且成型稳定后方可铺筑拌合层。当拌合层与贯入部分不能连续施工，且要在短期内通行施工车辆时，贯入层部分的第二遍嵌缝料应增加用量2～3m^2/1000m^2，在摊铺拌合层沥青混合料前，应做补充碾压，并浇洒黏层沥青。

二、沥青混凝土与沥青碎石路面施工

沥青混合料（国内习惯上将以密实级配原则修筑的并经压实后的沥青混合料路面的叫作沥青混凝土路面，沥青碎石则不然；国外不论是压实前或压实后都称为沥青混凝土混合料）是高等级公路，特别是高速公路上常用的路面面层。它是用适当比例的粗集料（如碎石）、细集料（通常使用细碎石、石屑、砂和矿粉）与沥青混合，经过拌合而成；混合料经摊铺、碾压而成的路面结构层叫作沥青混凝土。

一般用作路面的面层。沥青混合料有沥青碎石和沥青混凝土两种，二者有4个方面的区别。

第一，强度构成原则不同。沥青混凝土按照逐级填充原则构成的强度，矿料有严格的级配，而沥青碎石则以嵌锁原则构成的强度。

第二，矿粉含量不同。沥青混凝土里必须有足够的增加比表面从而减薄沥青膜厚度以提高黏结力的矿粉数量，而沥青碎石里可以没有矿粉，即使有，也是少量的。

第三，矿料级配不同。沥青混凝土矿料有严格的级配，通常采用连续密实级配，而沥青碎石则不然。

第四，用途不同。沥青混凝土封闭水的能力强，可以直接用于沥青路面的上面层。沥青碎石透水性好，不宜直接用于上面层。

（一）热拌沥青混合料路面施工

1.施工准备

（1）基层或下卧层质检查

沥青面层施工前应对基层进行检查，基层质量不符合要求的，不得铺筑沥青面层。

以旧沥青路面作基层时，应根据旧路面质量，确定对原有路面修补、铣刨、加铺罩面层。旧沥青路面的整平应按高程控制铺筑，分层整平的一层最大厚度不宜超过100mm。以旧的水泥混凝土路面作基层加铺沥青面层时，应根据旧路面质量确定处治工艺，确认能满足基层要求后，方能加铺沥青层。旧路面处理后必须彻底清除浮灰，根据需要并做适当的铣刨处理，洒布黏层油，再铺筑新的结构层。

新建沥青路面的基层按结构组合设计要求，选用沥青稳定碎石、沥青贯入式、级配碎石、级配砂砾等柔性基层；水泥稳定土或粒料、石灰与粉煤灰稳定土或粒料的半刚性基层；碾压式水泥混凝土、贫混凝土等刚性基层；以及上部使用柔性基层，下部使用半刚性基层的混合式基层。半刚性基层沥青路面的基层与沥青层宜在同一年内施工，以减少路面开裂。

（2）沥青与混合料施工温度控制

石油沥青加工及沥青混合料施工温度应根据沥青标号及黏度、气候条件、铺装层的厚度确定。普通沥青结合料的施工温度宜通过在135℃及175℃条件下测定的黏度-温度曲线。缺乏黏温曲线数据时，应根据实际情况确定使用高值或低值。当表中温度不符合实际情况时，允许做适当调整。

聚合物改性沥青混合料的施工温度根据实践经验并参照规定选择。通常宜较普通沥青混合料的施工温度提高10℃ ~ 20℃。对采用冷态胶乳直接喷入法制作的改性沥青混合料，集料烘干温度应进一步提高。

SMA混合料的施工温度应视纤维品种和数量、矿粉用量的不同，在改性沥青混合料的基础上做适当提高。

2.施工材料要求

沥青混合料必须在对同类公路配合比设计和使用情况调查研究的基础上，充分借鉴成功的经验，选用符合要求的材料进行配合比设计。

（1）矿料级配范围选择。沥青混合料的矿料级配应符合工程规定的设计级配范围。密级配沥青混合料宜根据公路等级、气候及交通条件按相关规定选择采用粗型（C型）或细型（F型）混合料，并在范围内确定工程设计级配范围，通常情况下工程设计级配范围不宜超出要求。

（2）沥青混合料技术要求。典型的沥青混合料有碎石、细碎石、石屑、砂、矿粉构成的矿料和胶结料沥青加热拌合而成。沥青混合料除原材料有严格的技术要求外，对混合料的级配和沥青用量也有严格的要求。沥青混合料的配合比有理论配合比、目标配合比和生产配合比之分。理论配合比是将原材料的矿料各自筛分后的级配由试算法或图解法算出符合标准级配要求时各种原材料用量后，再做马歇尔试验，以满足马歇尔试验技术指标要求的各种原材料和沥青最佳用量时的配合比；所谓目标配合比是在理论配合比基础上通过试验反复调整，到各种原材料用量达到最佳极限的配合比；而生产配合比是在目标配合比的基础上通过试铺路段等给出拌合站用于现场施工的配合比。

采用马歇尔试验配合比设计方法，沥青混合料技术要求应符合规定，并有良好的施工性能。当采用其他方法设计沥青混合料时，应按规定进行马歇尔试验及各项配合比设计检验，并报告不同设计方法各自的试验结果。二级公路宜参照一级公路的技术标准执行并考虑气候分区；长大坡度的路段按重载交通路段考虑；对空隙率大于5%的夏炎热区重载交通路段，施工时应至少提高压实度1%。当设计的空隙率不是整数时，由内插确定要求的VMA最小值。对改性沥青混合料，马歇尔试验的流值可适当放宽。应用时，注意在干旱地区，可将密级配沥青稳定碎石基层的空隙率适当放宽到8%；应用对集料坚硬不易击碎，通行重载交通的路段，也可将击实次数增加为双面75次；对高温稳定性要求较高的重交通路段或炎热地区，设计空隙率允许放宽到4.5%，VMA允许放宽到16.5%（SMA-16）或16%（SMA-19），VFA允许放宽到70%；试验粗集料骨架间隙率VCA的关键性筛孔，对SMA-19、SMA-16是指4.75mm，对SMA-13、SMA-10是指2.36mm；稳定度难以达到要求时，允许放宽到5.0kN（非改性）或5.5kN（改性），但动稳定度检验必须合格。

对用于高速公路和一级公路的公称最大粒径等于或小于19mm的密级配沥青混合料（AC）及SMA、OGFC混合料需在配合比设计的基础上按下列步骤进行各种使用性能检验，不符合要求的沥青混合料，必须更换材料或重新进行配合比

设计。

（3）沥青混合料必须在规定的试验条件下进行车辙试验，并符合要求。应用时应注意以下事项。①如果其他月份的平均最高气温高于七月时，可使用该月平均最高气温。②在特殊情况下，如钢桥面铺装、重载车特别多或纵坡较大的长距离上坡路段、厂矿专用道路，可酌情提高动稳定度的要求。③对因气候寒冷确需使用针入度很大的沥青（如大于100），动稳定度难以达到要求，或因采用石灰岩等不很坚硬的石料，改性沥青混合料的动稳定度难以达到要求等特殊情况，可酌情降低要求。④为满足炎热地区及重载车要求，在配合比设计时采取减少最佳沥青用量的技术措施时，可适当提高试验温度或增加试验荷载进行试验，同时增加试件的碾压成型密度和施工压实度要求。⑤车辙试验不得采用二次加热的混合料，试验必须检验其密度是否符合试验规程的要求。⑥如需要对公称最大粒径等于和大于26.5mm的混合料进行车辙试验，可适当增加试件的厚度，但不宜作为评定合格与否的依据。

在规定的试验条件下进行浸水马歇尔试验和冻融劈裂试验检验沥青混合料的水稳定性，并同时符合要求，试件浸水技术要求达不到要求时必须按规范要求采取抗剥落措施，调整最佳沥青用量后再次试验。对密级配沥青混合料在温度-10℃、加载速率50mm/min的条件下进行弯曲试验，测定破坏强度、破坏应变、破坏劲度模量，并根据应力应变曲线的形状，综合评价沥青混合料的低温抗裂性能。其中沥青混合料的破坏应变宜不小于要求。

宜利用轮碾机成型的车辙试验试件，脱模后进行渗水试验，并符合要求。

（4）对使用钢渣作为集料的沥青混合料，应按现行试验规程（T0363）进行活性和膨胀性试验，钢渣沥青混凝土的膨胀量不得超过1.5%。对改性沥青混合料的性能检验，应针对改性目的进行。以提高高温抗车辙性能为主要目的时，低温性能可按普通沥青混合料的要求执行；以提高低温抗裂性能为主要目的时，高温稳定性可按普通沥青混合料的要求执行。高速公路、一级公路沥青混合料的配合比设计应在调查以往类同材料的配合比设计经验和使用效果的基础上，按以下步骤进行。①目标配合比设计阶段。用工程实际使用的材料，要优选矿料级配、确定最佳沥青用量，符合配合比设计技术标准和配合比设计检验要求，以此作为目标配合比，供拌合机确定各冷料仓的供料比例、进料速度及试拌使用。②生产配合比设计阶段。对间歇式拌合机，应按规定方法取样测试各热料仓的材料级配，确定各热料仓的配合比，供拌合机控制室使用。同时选择适宜的筛孔尺寸和安装角度，尽量使各热料仓的供料大体平衡。并取目标配合比设计的最佳沥青用量OAC、OAC±0.3%等3个沥青用量进行马歇尔试验和试拌，通过室内试验及从拌合机取样试验综合确定生产配合比的最佳沥青用量，由此确定的最佳沥青用量与目标配合比设计的结果的差值不宜大于±0.2%。对连续式拌合机可省略生产配合比设计步骤。③生产配合比验证阶段。拌合机按生产配合比结果进行试拌、铺筑试验段，并取样进行马歇尔试验，同时从路上钻取芯样观察空隙率的大小，由此确定生产用的标准配合比。标准配合比的矿料合成级配中，至少应包括0.075mm、2.36mm、4.75mm及公称最大粒径筛孔的通过率接近优选的工程设计级配范围的中值，并避免在0.3～0.6mm处出现"驼峰"。对确定的标准配合比，宜再次进行车辙试验和水稳性检验。④确定施工级配允许波动范围。根据标准配合比及质量管理要求中各筛孔的允许波动范围，制定施工用的级配控制范围，用以检查沥青混合料的生产质量。

经设计确定的标准配合比，在施工过程中不得随意变更。但生产过程中应加强跟踪检测，严格控制进场材料的质量，如遇材料发生变化并经检测沥青混合料的矿料级配、马歇尔技术指标不符要求时，应及时调整配合比，使沥青混合料的质量符合要求并保持相对稳定。必要时可重新进行配合比设计。

（二）施工程序与主要工艺

1.整修下承层

沥青路面的下层必须平整、坚实，其外形和质量符合要求，对宽度、厚度、平整度、标高、尺寸做全面测量，并再次测定压实度，CBR和弯沉均符合规范要求，才可修筑。

2.基准线铺设

基准线是推铺机标高控制和安置纵坡传感器的依据，必须准确设定。一般采用φ2～2.5mm的弹簧钢丝，用间距为5～10m的立杆固定。每段长度为200m为宜，测量放出并严格控制标高。标桩数量视坡度变化程度而定。敷设基准线时，将其一端固定，另一端通过弹簧秤紧连于张紧器上。有时基准线的两头都装备有弹簧秤和张紧器，便于张力的调整。敷设的基准线除了应按规定的纵坡保证各支点都处于正确的标高位置外，还要注意其纵向走向的正确性，最好使每根立杆与

路中线的距离相等，这样就兼作导向线、基准线敷设。对敷设好的基准线，必须复核其标高的正确性，如果标高不正确，非但失去使用自动调平装置的意义，反而会出现不平整或纵坡不合要求的铺筑层。另外，为了避免施工过程中可能发生的碰撞，最好在各立杆上做出醒目标志。

3.自动调平装置与熨平板

摊铺机由牵引机、刮板输送器、螺旋摊铺器和熨平板构成。摊铺机应具有足够的容量，并可调整宽度，能够调节和控制摊铺厚度，并能对摊铺层进行初步压实。摊铺机中最重要的工作装置为自动找平的熨平板单元，用于对螺旋摊铺器所摊铺的沥青混合料进行预压、整形和整平，以便为随后的压路机压实创造必要的条件。熨平板前沥青混合料是松散的，但熨平板后的沥青混合料已稍加压实。

在摊铺机就位并调整完毕后，在开始施工之前或临时停工再工作时，应做好摊铺机和熨平板的预热保温工作。对熨平板加热的目的是减少熨平板及其附件与沥青混合料的温度差。

当利用现成的基准面有较平整的下承层或路缘石，甚至坚实的边沟等，作为传感器的接触件有滑橇、平衡梁，应视所参考的基准面时，对于底层的铺筑，视原基层平整情况，可采用长短不一的平均直梁或带小脚或小滚轮的平衡梁。以铺好的路面作基准大多用于摊铺纵向邻接的摊铺带，此时由于已铺路面较平整，可采用滑橇，应置入放在离路边缘30～40cm处较为可靠，因为冷接茬的基准是碾压后的路面，而路边缘可能因碾压有所变形。如果是热接茬施工，小滑橇可放置在未碾压路面的边缘处。

4.纵向传感器的安装、检查与调整

纵向传感器的安装位置一般在牵引点上，或熨平板上，或在牵引点与熨平板之间。在安装妥善后要将它调整在其“死区”的中立位置（死区的范围一般在工厂内已调整好，不必再调整）。

调整之前要先检查左右牵引臂铰点的高度是否一致，其适当的高度应是油缸行程处于中立位置时其信号灯不亮，如果信号灯亮，则表明它还未处在中立位置，需再次调整。调好后，拔出牵引臂锁销，将传感器的工作选择开关拨到“工作”位置。此后接上电线，打开电源开头进行约10min的预热。等到摊铺机摊铺到10～15m后，铺层厚度达到规定值时，就可让自动调平装置投入工作。

一般情况下，铺层的横坡由横坡控制系统配合一侧的纵坡传感器来控制。

但是如果一次摊铺的宽度较大（6m以上），由于熨平板的横向刚度降低，容易出现变形，使摆锤式横坡传感器的检测精度降低，因此常改用左右两侧的横坡控制系统，当路面的横坡变化过多、过大时也常如此。横坡控制系统包括横坡传感器、选择器和控制器。

5.混合料的拌制

（1）场地环境

沥青混合料必须在沥青拌合厂（场、站）采用拌合机械拌制。拌合厂的设置必须符合国家有关环境保护、消防、安全等规定。厂区与工地现场距离应充分考虑交通堵塞的可能，确保混合料的温度下降不超过要求，且不致因颠簸造成混合料离析。厂内应具有完备的排水设施。各种集料必须分隔储存，细集料应设防雨顶棚，料场及场内道路应做硬化处理，严禁泥土污染集料。

（2）拌合设备

沥青混合料可采用间歇式拌合机或连续式拌合机拌制。高速公路和一级公路宜采用间歇式拌合机拌制。连续式拌合机使用的集料必须稳定不变，一个工程从多处进料、料源或质量不稳定时，不得采用连续式拌合机。沥青混合料拌合设备的各种传感器必须定期检定，周期不少于每年一次。冷料供料装置需经标定得出集料供料曲线。拌合机必须有二级除尘装置，经一级除尘部分可直接回收使用，二级除尘部分可进入回收粉仓使用（或废弃）。对因除尘造成的粉料损失应补充等量的新矿粉。间歇式拌合机的振动筛规格应与矿料规格相匹配，最大筛孔宜略大于混合料的最大粒径，其余筛的设置应考虑混合料的级配稳定，并尽量使热料仓大体均衡，不同级配混合料必须配置不同的筛孔组合。

高速公路和一级公路施工用的间歇式拌合机必须配备计算机设备，拌合过程中逐盘采集并打印各个传感器测定的材料用量和沥青混合料拌合量、拌合温度等各种参数。

间歇式拌合机应符合下列要求：①总拌合能力满足施工进度要求。拌合机除尘设备完好，能达到环保要求。②冷料仓的数量满足配合比需要，通常不宜少于5～6个具有添加纤维、消石灰等外掺剂的设备。

（3）集料要求

集料与沥青混合料取样应符合现行试验规程的要求。从沥青混合料运料车上取样时必须设置取样台，分几处采集一定深度下的样品。集料进场宜在料堆顶部平台卸料，经推土机推平后，铲运机从底部按顺序竖直装料，减小集料离析。

（4）生产温度

沥青混合料的生产温度应符合要求。烘干集料的残余含水率不得大于1%。每天开始几盘集料应提高加热温度，并干拌几锅集料废弃，再正式加沥青拌合混合料。每个台班结束时打印出一个台班的统计量，进行沥青混合料生产质量及铺筑厚度的总量检验，总量检验的数据有异常波动时，应立即停止生产，分析原因。

（5）拌合时间

沥青混合料拌合时间根据具体情况经试拌确定，以沥青均匀裹覆集料为度。间歇式拌合机每盘的生产周期不宜少于45s（其中干拌时间不少于5～10s）。改性沥青和SMA混合料的拌合时间应适当延长。

（6）成品料仓

间隙式拌合机宜备有保温性能良好的成品储料仓，储存过程中混合料温降不得大于10℃、且不能有沥青滴漏，普通沥青混合料的储存时间不得超过72h，改性沥青混合料的储存时间不宜超过24h，SMA混合料只限当天使用，OGFC混合料宜随拌随用。拌合机的矿粉仓应配备振动装置以防止矿粉起拱。添加消石灰、水泥等外掺剂时，宜增加粉料仓，也可由专用管线和螺旋升送器直接加入拌合锅，若与矿粉混合使用，应注意二者不要发生因密度不同而离析。

（7）拌添加剂

生产添加纤维的沥青混合料时，纤维必须在混合料中充分分散，拌合均匀。拌合机应配备同步添加投料装置，松散的絮状纤维可在喷入沥青的同时或稍后采用风送设备喷入拌合锅，拌合时间宜延长5s以上。颗粒纤维可在粗集料投入的同时自动加入，经5～10s的干拌后再投入矿粉。工程量很小时也可分装成塑料小包或由人工量取直接投入拌合锅。使用改性沥青时，应随时检查沥青泵、管道、计量器是否受堵，堵塞时应及时清洗。

（8）出厂签发

沥青混合料出厂时应逐车检测沥青混合料的重量和温度，记录出厂时间，签发运料单。

6.混合料的运输

热拌沥青混合料宜采用较大吨位的运料车运输，但不得超载运输、急刹车，以及急弯掉头使透层、封层造成损伤。运料车的运力应稍有富余，施工过程中摊铺机前方应有运料车等候。对高速公路、一级公路，宜待等候的运料车多于5辆后开始摊铺。

运料车每次使用前后必须清扫干净，在车厢板上涂一薄层防止沥青黏结的隔离剂或防黏剂，但不得有余液积聚在车厢底部。从拌合机向运料车上装料时，应多次挪动汽车位置，平衡装料，以减少混合料离析。运料车运输混合料宜用苫布覆盖，以保温、防雨、防污染。运料车进入摊铺现场时，轮胎上不得沾有泥土等可能污染路面的脏物，否则宜设水池洗净轮胎后进入工程现场。沥青混合料在摊铺地点凭运料单接收，若混合料不符合施工温度要求、或已经结成团块以及遭雨淋的，不得铺筑。

摊铺过程中运料车应在摊铺机前100～300mm处停住，空挡等候，由摊铺机推动前进开始缓缓卸料，避免撞击摊铺机。在有条件时，运料车可将混合料卸入转运车经二次拌合后向摊铺机连续均匀地供料。运料车每次卸料必须倒净，尤其是对改性沥青或SMA混合料，如有剩余，应及时清除，防止硬结。

SMA及OGFC混合料在运输、等候过程中，如发现有沥青结合料沿车厢板滴漏时，应采取措施以予避免。

7.混合料的摊铺

（1）摊铺机选择与摊铺要求

热拌沥青混合料应采用沥青摊铺机摊铺，在喷洒有粘层油的路面上铺筑改性沥青混合料或SMA时，宜使用履带式摊铺机。摊铺机的受料斗应涂刷薄层隔离剂或防黏结剂。

铺筑高速公路、一级公路沥青混合料时，一台摊铺机的铺筑宽度不宜超过6（双车道）～7.5m（3车道以上），通常宜采用两台或更多台的摊铺机前后错开10～20m成梯队方式同步摊铺，两幅之间应有30～60mm左右宽度的搭接，并躲开车道轮迹带，上下层的搭接位置宜错开200mm以上。

摊铺机开工前应提前0.5～1h预热熨平板，预热温度不低于100℃。铺筑过程中应使熨平板的振捣或夯锤压实装置具有适宜的振动频率和振幅，以提高路面的初始压实度。熨平板加宽连接应仔细调节至摊铺的混合料没有明显的离析痕迹。

摊铺机必须缓慢、均匀、连续不间断地摊铺，不得随意变换速度或中途停顿，以提高平整度，减少混合料的离析。摊铺速度宜控制在2～6m/min的范围内。对改性沥青混合料及SMA混合料宜放慢至1～3m/min。当发现混合料出现明显的离析、波浪、裂缝、拖痕时，应分析原因，予以消除。

摊铺机的螺旋布料器应相应于摊铺速度调整到保持一个稳定的速度均衡地转动，两侧应保持有不少于送料器2/3高度的混合料，以减少在摊铺过程中混合料的离析。

用机械摊铺的混合料，不宜用人工反复修整。当不得不由人工做局部找补或更换混合料时，需仔细进行，特别严重的缺陷应整层铲除。

摊铺机应采用自动找平方式，下面层或基层宜采用钢丝绳引导的高程控制方式，上面层宜采用平衡梁或雪橇式摊铺厚度控制方式，中面层根据情况选用找平方式。直接接触式平衡梁的轮子不得黏附沥青。铺筑改性沥青或SMA路面时宜采用非接触式平衡梁。

（2）施工温度与松铺系数控制

沥青路面施工的最低气温应符合规范要求，寒冷季节遇大风降温，不能保证迅速压实时不得铺筑沥青混合料。热拌沥青混合料的最低摊铺温度根据铺筑层厚度、气温、风速及下卧层表面温度要严格控制，且不得低于要求。每天施工开始阶段宜采用较高温度的混合料。

沥青混合料的松铺系数应根据混合料类型由试铺试压确定。摊铺过程中应随时检查摊铺层厚度及路拱、横坡，并由使用的混合料总量与面积校验平均厚度。

（3）人工摊铺要求

在路面狭窄部分、平曲线半径过小的匝道或加宽部分，以及小规模工程不能采用摊铺机铺筑时可用人工摊铺混合料。人工摊铺沥青混合料应符合下列要求。①半幅施工时，路中一侧宜事先设置挡板。②沥青混合料宜卸在铁板上，摊铺时应扣锹布料，不得扬锹远甩。铁锹等工具宜沾防黏结剂或加热使用。③边摊铺边用刮板整平，刮平时应轻重一致，控制次数，严防集料离析。摊铺不得中途停顿，并加快碾压。如因故不能及时碾压时，应立即停止摊铺，并对已卸下的沥青混合料覆盖苫布保温。④低温施工时，每次卸下的混合料应覆盖苫布保温。⑤在雨季铺筑沥青路面时，应加强气象联系，已摊铺的沥青层因遇雨未行压实的应予铲除。

第三节 沥青混凝土道路质量控制方法

沥青路面施工应根据全面质量管理的要求，建立健全有效的质量保证体系，对施工各工序的质量进行检查评定，达到规定的质量标准，确保施工质量的稳定性。高速公路、一级公路沥青路面应加强施工过程质量控制，实行动态质量管理。

一、材料质量控制

（一）原材料的质量及检验

原材料质量符合要求是保证沥青路面质量的重要前提条件，施工前必须检查各种材料的来源和质量。工程开始前，必须对材料的存放场地、防雨和排水措施进行确认，不符合本规范要求时材料不得进场。各种材料都必须在施工前以“批”为单位进行检查，不符合本规范技术要求的材料不得进场。进场的各种材料的来源、品种、质量应与招标时提供的样品一致，不符合要求的材料严禁使用。

（二）混合料的配合比检验与调整

施工过程中，应对沥青混凝土混合料的性能做随机抽样检查。检查项目包括：马歇尔稳定度流值空隙率、饱和度、沥青抽提试验（每天做）、抽提后的矿料级配组成等。当以上指标检验不符合要求时，须及时调整，直至满足要求为止。

二、机械设备检查

施工前应对沥青拌合楼、摊铺机、压路机等各种施工机械和设备进行调试，并对机械设备的配套情况、技术性能、传感器计量精度等进行认真检查、标定。

三、施工过程中的质量管理与检查

施工单位在施工过程中应随时对施工质量进行自检。监理应按规定要求自主地进行试验，并对承包商的试验结果进行认定，如实评定质量，计算合格率。当发现有质量低劣等异常情况时，应立即追加检查。施工过程中无论是否已经返工补救，所有数据均必须如实记录，不得丢弃。

沥青拌合厂必须按《公路工程质量检验评定标准》（JTG F80/1-2017）中规定对沥青混合料生产过程进行质量控制，并按规定的项目和频度检查沥青混合料产品的质量，如实计算产品的合格率。单点检验评价方法应符合相关试验规程的试样平行试验的要求。

四、交工验收阶段的工程质量检查与验收

沥青路面工程完工后，施工单位应将全线以1～3km作为一个评定路段，每一侧行车道应按规定频度，随机选取测点，对沥青面层进行全线自检，将单个测定值与表中的质量要求或允许偏差进行比较，计算合格率，然后计算一个评定路段的平均值、极差、标准差及变异系数。施工单位应在规定时间内提交全线检测结果及施工总结报告，申请交工验收。

沥青路面交工时应检查验收沥青面层的各项质量指标，包括路面的厚度、压实度、平整度、渗水系数、构造深度、摩擦系数。工程交工时，应对全线宽度、纵断面高程、横坡度、中线偏位等进行实测，以每个桩号的测定结果评定合格率，最后提出实际的竣工图表。

五、工程施工总结及质量保证期管理

工程结束后，施工企业应根据国家竣工文件编制的规定，提出施工总结报告及若干个专项报告，连同竣工图表，形成完整的施工资料档案。

施工总结报告应包括工程概况（包括设计及变更情况）、工程基础资料、材料、施工组织机械及人员配备、施工方法、施工进度、试验研究、工程质量评价、工程决算、工程使用及服务计划等。

施工管理与质量检查报告应包括施工管理体制、质量保证体系、施工质量目标、试验段铺筑报告、施工前及施工中材料质量检查结果（测试报告）、施工

过程中工程质量检查结果（测试报告）、工程交工验收质量自检结果（测试报告）、工程质量评价以及原始记录、相册、录像等各种附件。

施工企业在质保期内，应进行路面使用情况观测、分析局部损坏的原因并进行保养维修等。质量保证的期限根据国家规定或招标文件等要求确定。

第四章　市政道路工程质量管理及监管研究

第一节　市政道路工程质量管理及质量监管基本内容

一、市政道路质量管理基本概念

（一）质量的概念与内涵

在相当长的一段时期内，人们一直认为符合性就是质量，也就是说人们一直认为质量就是产品是否和设计的要求相符。质量符合性观点主要是基于企业自身的立场对问题进行考虑，而缺乏对消费者利益的关注，因此，具有非常明显的局限性。随着社会的发展，市场竞争的不断加剧，质量发展到用户型质量观。基于用户为本的用户型质量观和仅仅基于符合设计标准为核心的符合性质量观的要求有着本质的区别。用户型质量观将用户作为第一位，用户型质量观在产品设计开发过程中，在产品的生产制造过程中，在产品销售的过程中，全程落实用户第一的理念。同时，还必须以用户为本在对产品的质量检验与评判中进行落实，用户型质量观的最高准则是用户满意。因为用户需求是多元化的，这就使得企业必须全方位为用户服务，对用户的需求以及用户的需求发展趋势进行及时的、动态的、全方位的把握，同时要做出快速的反应，有时候还要求企业能够对用户对于产品的质量和需求做到超前满足。质量实际上就是适用性。为用户提供满足用户需求的产品是任何组织和企业的最根本的任务。用户型质量观和符合型质量观相比，基于用户的角度对质量的期望和感觉进行了表述，同时这也正是质量最终价值体现的过程，是用户型质量观重要的典型理论。质量的本质是当产品在上市之后带给社会的损失，然而因为功能自身造成的损失除外。这样，将产品的质量和经济损失紧密联系在一起。高质量产品指的是当产品上市之后，为社会带来损失较少的产品。对于质量差的产品，在产品上市之后，给社会带来的损失较大。质量理论不但保留了对用户需求满足的质量概念的核心内容，同时又对经济效果进行了强调，因此，方便了人们对于质量的定量化研究。也正是如此，人们对质量观以及质量工程学给予了充分的重视。

（二）施工质量的概念

工程质量管理，是指根据国家相关法律、法规、标准，为实现工程的质量目标，采用一定的措施和方法所进行的计划、组织及控制等活动。工程质量管理的目标是保证工程项目的质量符合业主的要求。为实现这一目标，相关单位必须对工程项目从项目策划、施工到投入运营的所有环节管理，对可能出现的问题进行预防，及时发现存在的工程质量问题并及时进行处理，控制和管理影响工程项目质量的各个因素，从而保证整个工程的质量。施工质量管理是指工程项目施工阶段的质量管理，是工程项目质量管理的重要组成部分。城市道路工程施工质量管理，就是在道路工程施工过程中为保证城市道路工程项目施工质量，依据工程施工承包合同、设计图纸和文件、承包合同中制定的技术规范和标准采取的管理活动。进行城市道路施工质量管理的目的是使道路工程能满足设计要求和规定的质量目标，因此需要对工程施工活动的全过程进行管理和控制。城市道路工程施工质量管理一般包括施工准备阶段的质量管理、施工过程中的质量管理、完工后的质量管理。

（三）市政道路工程质量的含义

市政道路工程除了具备上述质量及工程质量的一般特性以及能满足一定的使用价值和属性外，还具有其特定的内涵。路基路面应根据市政道路功能、市政道路等级、交通量，结合沿线地形、地质及路用材料等自然条件进行设计，保证其具有足够的强度、稳定性和耐久性。同时，路面面层应满足平整和抗滑的要求。路基设计应重视排水设施与防护设施的设计，防止水土流失、堵塞河道和诱发路基病害。路基断面形式应与沿线自然环境相协调，避免因深挖、高填对其造成的不良影响。具体来讲，市政道路工程具有安全性、适用性、耐久性、经济性、美观与环境的协调性等特性。

市政道路工程的安全性即质量的可靠性，即工程竣工后达到规定的内在质量要求和标准，也是市政道路工程在规定时间内保证结构安全、保证行车安全和人身安全的能力。由于市政道路工程安全事关群众切身利益，因此其工程质量的基本要求即为可靠性。市政道路交付使用后必须保证使用安全，如路基路面结构的稳定性、安全度和基本承载能力都应达到规定的要求等。

市政道路工程的适用性是指在保证安全性的前提下，市政道路工程满足使用一定功能要求和目的的能力，包括道路行驶畅通、舒适、外观良好等。市政道路工程竣工后应能达到符合要求的服务水平，如既能满足在一定的设计速度下规定的线形、视距、坡度等要求，又能适应交通量的不断变化。

市政道路工程的耐久性是指工程应具有足够长的使用寿命，以及工程竣工后在其正常使用年限内能够抵抗一定荷载作用、灾害及自然影响等的能力。

市政道路工程的经济性是指工程从规划、勘察设计、施工到运营的整个使用期内的成本消耗合理的程度。市政道路建设项目，应综合考虑设计、施工、养护、管理等成本效益，分析其安全、环保、运营等社会效益，选用综合效益最佳的方案。

市政道路建设应根据自然条件进行绿化、美化路容、保护环境，以适应可持续发展的要求。

二、市政道路工程质量的影响因素

（一）市政道路工程质量的特性

市政道路工程除具有一般产品共有的质量特性，如性能、寿命、可靠性、安全性、经济性等能够满足社会需要的使用价值和属性外，还具有特定的内涵。“路基路面应根据市政道路功能、市政道路等级、交通量，结合沿线地形、地质及路用材料等自然条件进行设计，保证其具有足够的强度、稳定性和耐久性。同时，路面面层应满足平整和抗滑的要求。路基设计应重视排水设施与防护设施的设计，防止水土流失、堵塞河道和诱发路基病害。路基断面形式应与沿线自然环境相协调，避免因深挖、高填对其造成的不良影响。桥梁设计应遵循安全、适用、经济、美观和有利环保的原则。”为了确保市政道路工程的质量，必须综合考虑影响市政道路工程质量的因素。

安全性。市政道路工程的安全性，即可靠性，是指工程竣工后达到规定的内在质量要求，在规定时间内保证结构安全、保证行车安全和人身安全的能力。市政道路工程安全事关群众切身利益，可靠性是工程质量的基本体现。市政道路交付使用后，必须保证使用安全，如桥梁结构的稳定性、安全度和基本承载能力应达到规定的要求等。

适用性。市政道路工程的适用性，即功能，是指在保证安全性的前提下，工程满足使用功能要求的能力，包括行驶畅通、舒适、外观良好等。各级市政道路应达到相应的服务水平，应满足在一定的设计速度下规定的线形、视距、坡度等要求，并能适应交通量的不断变化。

耐久性。市政道路市政道路的耐久性是指工程应具有足够长的使用寿命，以及在竣工后正常使用年限内抵抗荷载作用、灾害和自然影响等能力。

经济性。市政道路工程的经济性，是指工程从规划、勘察设计、施工到运营的整个使用期内的成本和消耗。市政道路建设项目，应综合考虑设计、施工、养护、管理等成本效益，分析其安全、环保、运营等社会效益，选用综合效益最佳的方案。

美观和与环境的协调性。市政道路建设根据自然条件进行绿化、美化路容、保护环境，以适应可持续发展的要求。

（二）基本建设程序各环节对工程质量的影响

市政道路工程质量的形成是一个有序的系统过程。市政道路从规划、建设到竣工使用，经历了决策立项、设计、施工、验收等诸多环节，其质量好坏是各环节工作质量的综合反映。

可行性研究与决策是前提。项目建议书和可行性研究报告是工程立项的依据，是工程项目成功与否的首要条件。它是投资、质量和工期控制的基本依据，关系到工程项目建设资金保证、时效保证和资源保证，决定了工程的设计、施工是否符合规定的标准（如不同市政道路等级）以及能否达到规定的质量目标。

项目决策应充分考虑投资、质量和工期等目标间的对立统一关系，确定项目应达到的质量目标和水平。项目建议书必须实事求是地反映项目立项现状、规划方案和未来需求。可行性研究必须在周密调查的基础上，严格地从技术、经济、环境和社会效益等方面进行科学分析，并有严密的论证依据和审批确认手续。

勘测设计是基础。设计是工程的灵魂。勘测，如地质勘查、水文勘察、测量等是市政道路选线和路基、桥涵、隧道等设计的依据，应准确反映市政道路所经地域的自然条件。初步设计和施工图设计确定了市政道路的平面位置和纵横布置、结构尺寸和类型、材料类型和组成等工程实体元素，也就决定了市政道路的基本性能，决定了施工的难易程度和质量标准。没有高质量的设计，就没有高质量的工程。如果设计本身就不规范、存在明显缺陷，不符合标准规范的规定、结构方案不合理、深度不够、计算不准，那么据此施工，必然使工程质量“先天不足”，留下无法弥补的质量隐患。

施工是关键。施工是指按照设计文件和相关标准规范将设计意图付诸实现的测量、作业、检验、形成工程实体并提供质量保证的活动。人们常说：“工程质量是干出来的。”任何优秀的勘察设计成果都是蓝图，只有通过施工才能变为现实。施工是工程质量的实现环节，只有使用质量合格的材料、采用先进高效的设备、按照设计文件和规定的工艺进行施工，才能形成质量有保证的市政道路工程。施工质量控制的具体措施有：质量预控有对策，施工保证有方案，材料进场有检验，隐蔽工程有验收，工序交接有检查，动态控制有方法，变更洽商有手续，问题处理有复查，行使质量否决权，质量文件有档案。

验收是保证。由参与工程建设活动的建设单位、监理单位、施工单位共同对建设项目的质量进行验收及评定，并由政府交通主管部门和质量监督机构依法进行监督检查，是对市政道路工程质量进行最后确认，验证其是否符合规定的技术标准、能否交付使用所把的最后一道关。市政道路工程验收工作应当做到公正、真实和科学。

（三）建设工程作业要素对工程质量的影响

人员。人员是指直接参与工程项目的组织者、指挥者和操作者。毫无疑问，人是决定因素，人员素质是影响工程质量的最重要因素。人员素质包括参与工程建设活动的人群的决策能力、管理能力、组织能力、控制能力、技术水平、作业能力、操作能力及道德品质等各方面。要保证工程质量，就应该提高人员素质，健全岗位责任制，改善劳动条件，公平合理地激励劳动热情。首先，应提高人的质量意识，形成人人重视质量的良好氛围；其次，应加强专业培训与考核，进行必要的人员资格、技术水平认证；第三，要有良好的职业道德和心理状态。

工程材料。市政道路工程材料包括构成工程实体的各类原材料、半成品（混合料）和成品（构配件、产品、设备等），种类繁多、性能各异。工程材料是工程建设的物质基础，因此，材料质量是工程质量的基础。材料选择、组成是否合理，质量是否检验合格，运输、保管、使用是否恰当等，都直接影响工程实体的内在质量和外观，影响工程结构的强度和承载力，影响路面使用性能，影响工程的使用寿命。市政道路工程材料质量，主要是指其力学性能、物理性质和化学性质必须符合标准规定。市政道路工程材料的使用，应遵循严格的审批程序。在生产和使用过程中，应按规定的频率进行严格的质量检验，发现质量问题，及时采取纠正措施。

机械设备。市政道路工程施工机械设备，包括各类施工设施、生产设备、运输设备、操作工具以及测量仪器、试验检测仪器设备等，是现代化工程建设和质量管理不可缺少的设施，应满足工程项目的不同特点、设计要求和工艺要求，要合理选择，正确使用、管理和保养。

施工工艺。施工工艺主要是指工程施工现场采用的施工方案、技术措施、工艺手段、施工方法和控制流程等。施工工艺和方案是科学施工的措施和手段。市政道路路基路面、桥涵、隧道、交通工程设施等都有非常严格的施工工艺控制要求，各工艺之间的衔接也往往对工程质量有很大的影响。大力推进新技术、新工艺、新工法的使用，不断提高施工水平，是保证工程质量稳步提高不可缺少的重要条件。

环境条件。由于市政道路工程项目线长、面广、工期长、野外作业，其环境影响因素较多，有技术环境，如地质、水文、气象状况等；管理环境，如质量管理制度、质量保证体系等；劳动环境，如劳动组合、作业场所等，应采取相应的有效措施加以控制。近年来，征地拆迁管理、投资金融管理等法律法规、政策环境对工程建设影响也很大，其对工程质量的影响不容忽视。

（四）工期、投资对工程质量的影响

质量与工期（进度、时间）、投资（费用、造价、成本）是互相制约、互相依存、互为因果的对立统一关系，工程项目管理的目标就是谋求质量好、进度快、投资省的有机统一。良好的质量必须有合理的工期、必要的投资作为基础。

合理工期反映了工程项目建设过程必要的程序及其规律性，是保证工程质量、降低建设成本的必要条件。价格是价值的体现，投资是工程项目建设的基本需求。在一定的质量、工期和施工方案下，工程项目人员、材料、机械设备和管理所需费用是相当固定的。

当质量标准不变时，进度过快或过慢都会导致费用的增加；当费用不变时，质量要求越高，则进度越慢；当工期不变时，质量要求越高，则成本越高。因而，工程项目建设必须尊重客观规律，需要正确处理质量与工期、投资的对立统一的关系。

三、市政道路工程质量的通病

（一）路面的不均匀沉降、裂缝

引起路面不均匀沉降、裂缝原因很多，主要有以下3个方面：

1.土基原因。土基是路面的基础，承受路面结构传递下来的全部荷载，要求具有足够的强度和稳定性。当土基存在质量缺陷，如设计工作区深度偏小、软基处理深度不够、换填或淤泥处理不彻底、填筑压实度不足、填料液限偏高、填料差异造成不均匀沉降等都会导致结构性破坏，致使路面发生开裂。

2.基层原因。水稳层的结构缺陷是刚在收缩。新铺的基层，随着混合料的水分减少，会产生干缩变形，形成积累产生裂缝。对基层干燥收缩影响较大的因素很多，集料级配不好、细料过多、水泥用量大、水泥标号高、集料含水量大、施工温度高都会增大基层干燥收缩。

3.面层原因。集料规格、质量、级配以及沥青的路用性能对抵抗沥青面层裂缝的发生起着很关键作用。由面层自身因素引发裂缝的情形为：沥青材料低温稳定性能差，使面层在低温情况下出现开裂；集料含土或天然砂比例高，碾压时出现“呲牙”，甚至推移；沥青加温时间长及温度过高造成沥青老化、摊铺温度低、油料离析等使油料间黏结力下降，碾压和使用后出现开裂。

（二）井盖与路面衔接处质量差

当市政道路完工后，开放使用一段时间后，由于井圈安装工艺质量的缺陷，导致在这些检查井周边30～40cm范围内沥青面层逐渐出现开裂、破损、井

圈井盖下沉、歪斜等现象，当车辆通过时就会造成车辆的跳车和剧烈震动。这已经成为市政道路最为常见的一种现象，分析主要原因有：

1.基础承载力不够。

2.井自身的质量问题。

3.井周边回填不够密实。

4.面层质量差，密实度达不到要求。

5.盖板、座的质量原因。

（三）工程观感质量

市政道路工程观感质量的好坏代表的就是一个城市的形象，在城镇化不断发展的过程中，对市政道路工程的观感质量要求也越来越高。观感质量差主要表现为：路面不平整、侧平石线条不顺、人行道不平稳有翘动、雨季路面排水不畅和开挖改造频繁等。

四、明确市政道路工程质量监管事项

经济的高速发展，促进人们生活质量不断提升，进而改变了人们的出行方式。同时，基于国家城市建设需求，对市政道路建设质量提出了更高的要求。而相关部门若想有效保障其质量能完全符合国家质量标准，避免造成交通事故等不良后果，如建设单位、设计单位、监理单位等各个组织，应对工程质量的监管工作给予一定的重视，并在市政道路建设的全过程中，都能积极贯彻质量监管意识，进而制订更加完善的工程质量监管对策，从而确保市政道路工程能高质量如期完成，为广大民众的出行、地方经济发展等提供更优质的条件。

（一）市政道路工程勘察设计环节的质量监管事项

针对市政道路工程质量的监管工作，在对其展开与落实过程中，应明确各个工作环节相关的工作内容。如勘察设计环节，属工程建设前期准备阶段。而这个时期工作完成情况，对于后续的施工质量、质量监管等工作会产生决定性影响。因此，若想确保市政道路工程建设工作能高质量的如期完成，应明确该项工作所涉及的具体监管事项。具体而言，整个工作环节可分为可行性研究、初步勘察研究、详细勘察研究3方面内容。在开展勘察设计工作过程中，勘察单位、设计单位应具备国家要求的等级资质证书。勘察单位应对施工地点的地质情况、水文等进行科学的勘察，并对数据结果进行科学的分析，排查导致风险的因素；设计单位应根据勘察单位提供的勘察结果，制订合理的道路施工方案，并明确标注施工过程中所用材料的规格、技术标准、工艺水平等；监理单位则根据这些要求制订科学的监管指标等，强化监管事项的严谨性与合理性。

（二）市政道路工程施工环节的质量监管事项

这个阶段是把控工程质量中最为重要的阶段，更是质量监管工作的核心内容，可在施工过程中有效排查质量缺陷。因此，监理单位应明确在施工环节质量监管的工作事项，对工作质量造成影响的一切因素进行合理把控。在施工环节，相关监理人员应严格按照国家质量控制、检验技术规定、施工质量达标标准等，对道路施工各个环节进行严密监督与管理。同时，利用先进的技术手段等，联合技术鉴定权威部门对工程质量进行提前试测。而在进入施工的关键时期时，监理单位应制订新的监管内容与标准，如在现场对干扰施工的外界因素进行有效管理、严抓施工质量的检验等，并作好意见整改与记录。

（三）市政道路工程验收环节的质量监管事项

监理单位在道路建设工作完成后进入验收环节，是检验道路工程是否全面达标的关键时刻。相关监管人员应精准、客观地判断施工工程能否正常进行清算与移交。无论是对原材料的验收，还是施工工艺等各个方面的验收，都应根据相应的验收层次进行科学划分。因此，监理单位应明确以下质量监管事项：

1.严格审查与验收道路工程建设所有工作事项是否达标。

2.审查与验收与工程相关组成成员与验收方案。

3.审查并核实工程竣工报告、地基质量验收文件等，对消防、水土等合格文件进行核实。

4.监理单位应对实体质量、观感质量等进行具体的认定，并出具验收意见。

五、确立市政道路工程质量监管有效对策

市政道路工程建设，其质量完成效果，不仅对城市的综合发展产生影响，更是关乎国计民生的大事。而相关主管部门若想获得理想的质量监管成效，首要任

务是应对市政道路建设的根本意义建立正确的认知，能深知工程质量监管工作成效对后续相关事宜产生的连带关系等。为避免造成不良现象甚至是不良后果，相关人员应制订更加完善的监管对策。能在施工初期到后期的验收整个施工全过程都能严格把关，并基于明确的监管事项，以此为核心，更针对性地去落实相关对策，进而从其根本上保证市政道路的工程质量，给予人民真正的福祉，促进国家经济建设。基于此，相关主管部门可从以下五个方面着手，具体践行市政道路工程质量监管工作。

（一）确立科学的道路施工工程前期部署规划

相关管辖单位在具体开展市政道路工程建设活动过程中，应对前期总的工作战略目标、工作纲要等进行严密且科学的商讨，并对有关道路工程施工问题、质量监管内容、具体工作落实标准等进行合理、精准的部署与规划，从其源头尽量规避产生问题的不良因素，并对施工现场的工作事项等进行严格部署，实现规范化、流程化、精细化管理，使市政道路工程质量获得有效保障。具体而言，相关单位应与道路施工设计单位达成共识，并完善沟通机制。建设单位以委托的形式，将道路工程质量监管工作授权给监理单位，对施工现场进行统一指挥与管理。由此可见，监理在此项监管工作中具有举足轻重的地位，可以说是前线施工的监管者。因此，建设单位与监理单位必须加强沟通，形成良好的互动。能协作与协调，以合约的形式具体明确双方的职责、监督事项、工作内容等。建设单位应确保监理单位能积极承担监管的责任，并建立良好的合作关系，还应加强施工企业的工作部署。建设单位以招标的手段，客观选择符合资质的施工企业进行道路建设工作。因此，在施工前期，建设单位应与施工企业针对工程质量问题等进行详谈与规划，细致展开工作部署。主要工作有工程进度、物料标准、成本控制等，并对其进行科学的部署与规划。与此同时，在施工前期应有效加强工程建设参与人员的质量监管责任意识，并能将其贯穿于工程建设的全过程。

（二）加强施工阶段的工程质量监管力度

市政道路工程建设工作进入施工阶段时，必须对现场工程质量管理活动给予一定的重视。监理单位受建设单位的委托，具体落实质量监管工作，因此，相关监理负责人应将一切有关工程质量问题的工作落到实处。将施工过程中的各个环节上的工作内容进行细化，无论是对施工材料的采购、质量检测，还是工序流程与标准的制订与落实，都应按部就班，严格遵循前期的部署、规划内容进行监督与管理。同时，施工企业相关管理人员应加强自身的责任感与质量监管意识，并加强督促施工人员提高确保工程质量的意识，将质量控制放置在工作的首要位置。并尽量运用当前最先进的施工技术与施工设备等，建立更具现代化的现场操作流程。

任用专业性更强、具有高度责任心的技术人员、管理人员等，深度参与到市政道路工程建设工作中。同时，施工单位应积极采纳监理单位下发的整改意见，将质量不达标的工程及时进行整改与完善，从而促进监理单位有效完成道路工程质量监管任务。

（三）重视施工材料、技术与工艺的有效结合

道路工程施工过程中，成本控制问题一直备受关注，更是相关关联企业从建设工作开始始终关心的问题。对施工成本的控制，正确的理解是避免产生不必要的支出，而不应狭隘地理解成就是为了省钱。而在注重成本控制的过程中，应确保施工材料、施工技术等各方面工作获得足够的资金支持，从而保证采购符合施工标准的施工材料，能利用最先进的施工技术与工艺展开道路建设工作。

整个施工与质量监管过程中，相关管理人员的工作能力、职业素养、专业能力等，对于工程质量的把关与管理是至关重要的。而只有具备一定管理能力的人员，才能对施工材料、技术与工艺等进行有效的结合与运用。对材料质检、验收等监管事项实现规范化管理，并能在整个过程中，对“三检制度”的落实情况，进行有效督促，利用抽检、质检相结合的形式，保障施工材料的质量等。与此同时，施工技术与工艺水平也应获得保障，并积极利用新技术、新工艺，为市政道路工程质量监管工作高效完成保驾护航。

（四）对初期养护验收工作加强重视

施工进行到一定阶段后，已经有部分路段建设完成。在这个阶段，针对道路的前期养护与工程质量的检测工作也至关重要。而若能在前期就发现影响工程质量的不良因素，并能及时进行排除，有效地解决问题，对接下来的工作安排具有十分重要的指导作用。因此，建设单位、施工单位、监理单位等应积极进行沟

通，达成共识。加强初期养护与验收工作。引导相关单位对施工情况进行全面检查，如路况、路貌等问题，并能科学检测道路承受路压质量的最高极限等。同时，对路基、路面、构建物，都应进行全面检查，从而对质量进行严格把关。与此同时，针对部分市政道路的初期养护，应做好路基清理工作，将所有废料、对施工有干扰的杂物等进行清除，从而为后期的质量监管工作建立更优质的工作环境。

（五）强化道路施工工序管理流程

工序管理作为道路工程建设现场管理的重要环节，相关单位应对各个工种的工作流程等制订规范化的管理方案，确保对施工工序进行合理的组织、安排与调控等，促进质量监管工作能顺利开展。同时，建设单位应对施工单位、设计单位、建立单位等提出更高的要求。在工序开展前期，对技术进行交底。要求施工单位能积极提交具有建设性的工序组织、部署工作报告，提前检测即将投入使用的施工机械、设备等。建设单位还应要求监理单位做好工程进度调控、计划审核等工作，从而确保质量监管工作的实效性与及时性，保障市政道路工程建设工作，能保质保量限期内完成。除此之外，相关单位与部门应定期开展工作座谈会，将施工过程中存在的问题进行商讨，并制订解决问题的对策，从而对道路工程质量进行全面、全方位的监管。

第二节 市政道路工程质量管理分析

一、施工质量管理的重点

为了使市政道路工程施工质量的管理得到强化，应明确工程施工过程中各个阶段的施工控制重点，从而将整个工程施工质量管理控制分为施工的事前控制、事中控制以及事后控制。

（一）施工过程事前质量控制

施工过程质量的事前控制指的是建筑工程在进行正式的施工以前实施的质量控制，对建筑工程施工的准备工作控制是建筑工程施工过程质量的事前控制的重点。事实上，在建筑工程整个的施工过程中，建筑工程施工的准备工作始终贯穿其中。

事前控制属于主动质量控制，主要包括以下九个方面：

1.严格施工参与方，即勘查单位、设计单位、施工单位、监理单位的资质审查。

2.做好施工前的现场勘查工作，勘查人员进行现场勘查，掌握城市道路工程施工区域的地质条件等详细资料，特别是施工区域地下管网、相关安全、照明、通信、人防等现有工程的详细情况。

3.根据勘查资料和调查研究，提供合理的道路工程设计方案。

4.保证施工队伍的质量，对施工资质进行严格审查，严禁把工程承包给不符合承包资格的承包商。

5.施工人员的专业素质是影响工程质量的重要因素，正式施工前须对参与施工操作的施工人员进行相关施工技术及施工方法的培训，施工人员操作合格后方能进行施工，以保证施工人员的专业素质，提高施工人员的质量意识，从而保证整个工程的施工质量。

6.建立高水平的项目管理团队，管理岗位个人职责分明、权利明确，要发挥技术人员的主观能动性。

7.把好原材料关，对采购的施工原材料和施工设备进行检查，对不符合相关标准要求的原材料及设备及时进行处理，以保证原材料和施工机械设备的质量。

8.编制合理的施工组织设计，根据城市道路工程的经济技术特点、国家相关法律法规，对耗用的劳动力、原材料、施工机械设备、资金和施工方法等进行合理的施工组织设计，找出施工过程中的难点并提出相应的处理办法。

9.不断引进新技术、新工艺、新设备，提高施工的技术水平，用高科技来保证工程质量。引进的新技术、新设备及新材料必须进行试验，符合要求后，才能应用到实际工程中。

（二）施工过程事中质量控制

工程施工过程质量的事中控制指的是对于建筑工程施工过程中的质量控制。对建筑工程施工过程进行全面施工控制、对工序的质量进行重点控制是建筑工程施工过程质量事中控制的策略。施工过程中的质量管理，即在施工过程中对影响施工质量的各种因素进行动态控制，坚持质量标准，对施工工序的质量、工作质量进行质量控制。

1.严格遵守国家和地方相关法规、法规和标准。工程项目的质量管理人员要根据工程项目的质量目标和施工方案，对施工人员进行技术交底，并及时监督检查施工人员的操作是否符合要求，做好各工序的质量检验，并实施自检、互检的检验工作。

2.根据施工组织设计，对容易出现质量问题的工序或施工难度大的工序设置质量控制点，加强对这些地方施工情况的监督和检查工序，应用新材料、新技术、新设备的施工工序也应加强管理，及时检查验收，发现问题，应立即采取措施进行处理。

3.实施监理道路施工的质量监督，完工后的工序必须经监理工程师检查验收，监理工程师签字认可后方可进行下一道工序的施工。对于隐蔽工程，也是监理工程师检查验收合格后才能将其隐蔽。

4.施工单位必须严格按照施工方案求进行施工，特殊情况需进行施工方案变更时，必须经监理工程师或技术负责人的同意。

5.质量问题的处理。质量管理人员对施工质量进行检查，发现质量问题及时与施工人员沟通，找出问题的原因并采取相应的解决措施。

（三）施工过程事后质量控制

施工过程质量的事后控制主要指的是当建筑工程施工完成之后进行的对于已经形成的产品的质量控制。其内容主要是：对建筑工程竣工验收资料的准备，对建筑工程进行初步的验收和进行自检。基于国家的相关规范标准对建筑质量进行评定，对建筑工程中已经完成的分项工程、分部工程进行质量的检验，对竣工的建筑工程进行验收。完工后的质量管理是指施工完成后对成品的保护和工程质量的验收。

1.建立有效的工程审查制度，加强工程质量的测量和检查，认真做好工程质量的检查和验收工作，做好检查验收记录。

2.施工完成后，及时采取保护措施，对成型的产品进行保护。道路工程中常见的成品保护措施主要有：

（1）防护。即针对需要保护的产品的特点，采取相对应的措施，防止成品被污染及损坏。例如，道路工程施工中，为保护刚碾压的路面，禁止可能对路面造成污染、油污的工程原材料及设备靠近路面。

（2）覆盖。即在被保护对象的表面覆盖一层保护材料，防止成品损坏。例如，混凝土路面浇筑完毕后，为防止路面开裂，在路面覆盖一层粗麻布并浇水养护。

（3）封闭。即采取局部封闭，是道路工程施工中常见的成品保护措施。路面施工完成后，对该路段进行封闭，禁止行人及车辆在其上面行驶。

道路工程施工质量管理中的三个环节相互联系，结合成一个有机整体，其实质是工程项目质量管理循环原理、三阶段质量管理原理和全面质量管理原理的相互结合及具体化。

二、市政道路工程施工的性质

1.市政道路作为一个基础性工程，常常是由政府出资，并且在建设过程中会对人们的日常生活生产造成干扰，为了减少这种干扰就要对市政建设中的施工周期进行严格控制。

2.由于市政道路工程与人们生活生产的联系过于密切，所以在施工过程中施工场地很难实现交通的彻底封闭，这就造成市政道路施工过程中的环境较为复杂。例如，场地狭小，对于人流、车流、各种线路、管道等需要谨慎避开；城市管道相当复杂，这就对施工造成了很大的难度。

3.市政道路工程是一项复杂的施工项目，市政道路工程范围较大，并且具有地形变化多的特点，因此一项市政道路工程往往需要多个工程项目交叉进行，工程质量的控制较难。

三、市政道路施工存在的问题分析

（一）对市政道路施工质量管理认识不到位

经济的发展和施工技术的提高，对市政道路施工的质量也提出了更高的要求，但是很多地方的市政道路工程单位的领导对本单位的工作研究甚少，在其质量管理上还存在很大的空缺。在市政道路的建设过程中，地方政府只关注工程的最终结果和施工成本，没有将主要精力放在市政道路施工的质量控制上；很多地方由于施工质量管理不到位，造成了施工决策的不合法性；很多新的招投标方法由于受到当地政府主管部门和相关人员水平的限制，在大部分地区还没得到完全有效的实施；有些政府甚至直接进行招标，而缺乏相关的手续。

（二）市政道路施工具有建筑材料成本高的特点

关于市政道路的施工，需要大量的施工材料，而且这些施工材料的价格非常高，使得整个工程的造价高于一般工程。然而，一些施工单位为了使施工速度加快，并不重视建筑质量。因此，施工单位对施工材料的质量必须严格合理控制，对建筑材料严格操控和把关，从而控制建筑工程施工质量。

（三）市政道路施工工程准备的时间较短

在城市的生活中，市政道路是非常重要的组成部分，市政道路与人们的生活密切联系。市政道路在建设期间，常常会给人们的生活造成影响。施工过程中，施工单位为了最大限度地降低对人们生活的干扰，对工程的建设进行严格的要求，尤其是工程的施工时间和施工工期方面，它可能是超前的，但它永远不会被推后。所以，工程施工进度应按施工期的期限来安排。这样，施工过程中的准备时间将变得匆忙，细致性和全面性较差。

（四）市政道路施工牵动环节多

通常情况下，城市街道是市政道路施工场地，人口密集的城市和多条道路线路，使施工现场变得狭窄、牵动非常多的人。它不仅对建筑施工有很大的影响，而且造成人们出行的不方便，这样会增加施工的准度，工程施工的质量也会受到影响。

（五）市政道路施工涉及很多的利益

市政道路工程相当的复杂，关系到的利益也相当多，涉及许多部门的利益和管理。此外，该项目还受到天气、土地的形状以及自然环境等因素影响，涉及多部门、多方面的利益。

四、市政道路工程质量管理的方法

（一）完整质量管理的体系

为了保障市政道路工程施工向合理化以及科学化的方面发展，要对质量管理的体系进行完善。为了提高工程的质量，我们必须做好工程的质量工作：第一，根据法律法规和合同内容，施工企业为工程质量的管理制定了一套合理、细致的工作体系，使施工质量管理规范化和科学化；第二，施工企业应根据施工过程来施工，并对各环节的细节和要点进行监控。

（二）强化施工材料的控制

施工材料是道路施工的物质基础，对市政道路的质量影响较大。针对目前施工中存在偷工减料的现象，相关部门应该对材料进行严格的监管，同时还应对材料管理员进行严格的材料质量管理意识教育，提高其重视材料质量的意识，加强在施工过程中对材料的实验测试，对相关的材料进行一定的质量校核，只有校核合格后才能使用。可以设立专门的材料管理小组，负责对施工材料的监理，制定相关的合作方案，以确保道路施工的质量问题。

（三）施工方法与施工工序的控制

施工方法在市政道路施工中起着决定性的作用，针对施工过程中出现的新问题要进行相应的修改并制定程序化的制度文件，使施工方案的实施在掌控之中，要根据施工组织设计的要求，制定合理的施工方法。开发项目负责人应该按照施工规范和操作规程对每一道工序进行技术交底工作，严格控制各个工序的施工质量，只有在前一步操作工序合格后才能进行下一道工序。

（四）加强对施工现场的监管力度

对施工现场的管理很重要，在市政道路的现场施工监管中，应该加强强制手段的执行，严禁在施工管理中出现拖泥带水、拖拖拉拉的现象。对施工人员也要进行定期的考核，质量管理不到位的人要及时替换，对质量不合格的施工队伍也要进行撤换，不能因为一时的同情对以后的施工质量造成潜在的威胁。在施工现场要制定相应的质量保障体系，建立质量管理目标，施工要严格按照程序操作，严格控制施工的工艺和技术，保证施工能够在良好的指导下有序进行，对施工现场出现的问题，应该及时进行处理，以防小问题造成大隐患。

（五）大力提高施工人员的工作素质

一线的施工人员是整个市政道路施工的直接参与者，决定了整个工程质量的好坏。但是现在从事道路施工的工作人员大部分是农民工，他们缺乏相应的技术经验和质量安全防范措施，单靠吃苦耐劳是不够的。施工单位应该健全和完善施工人员的岗位责任制度，为施工人员提供定期的技术培训和专业技能教育，提高他们的质量意识，形成人人重视质量的良好氛围，培养其良好的职业道德和心理状态。有条件的施工单位还应该开展施工人员技术水平认证工作，同时还要改善施工人员的工作环境和生活环境，从另一个角度激励施工人员的工作热情和提高施工人员的质量、安全意识，这样能够为施工人员提供一个缓解压力情绪的心理状态，从而能够更好地开展市政道路施工工作。

五、施工方案的质量控制

施工方案质量控制包含工程项目整个建设周期内所采取的技术方案、工艺流程、组织措施、检测手段、施工组织设计等的控制。

尤其是施工方案正确与否，是直接影响工程项目的进度控制、质量控制、投资控制三大目标能否顺利实现的关键。施工方案考虑不周往往会拖延进度，影响质量，甚至增加投资。为此，监理工程师在参与制订和审核施工方案时，必须结合工程实际，从技术、组织、管理、工艺、操作、经济等方面进行全面分析、综合考虑，力求方案技术可行、经济合理、工艺先进、措施得力、操作方便，有利于提高质量、加快进度、降低成本。

对施工方案进行选择的前提是一定要满足技术的可行性。例如，液压滑模施工，要求模板内混凝土的自重必须大于混凝土与模板间的摩阻力；否则，当混凝土自重不能克服摩阻力时，混凝土必然随着模板的上升而被拉断、拉裂。所以，当剪力墙结构、筒体结构的墙壁过薄，框架结构柱的断面过小时，均不宜采用液压滑模施工。

第三节　市政道路工程质量监管措施

一、市政道路施工中的常见问题

（一）市政道路土基施工中产生的质量问题

道路土基作为建设道路的根基，对于道路的质量极为关键，如果土基的质量管理不够严格，道路的施工质量就无从谈起。具体来说，这方面的问题主要体现在两点：其一，在市政道路施工过程中，每当遇到沟槽回填覆土中，不按相关技术规范的要求施工现象时有出现，对之后的竣工使用将产生严重的负面影响；同时，未处理干净沟槽中的水的情况也时常出现，容易造成槽内回填土含水量过高。其二，在道路施工过程当中，将翻建的沥青路面油块、混凝土块及其他大块旧料填入沟槽内进行回填的方法经常使用，这种做法容易造成填埋料空隙很大，如果不经过或不注重压实处理，就容易造成很多道路建成后沟槽部位在车辆行驶

过程中发生沉陷。

（二）稳定砂砾施工问题中易产生的问题

稳定砂砾施工中常见的质量问题有：有的工程施工在承重层施工时不是整片摊铺、平整、碾压，而是在挖路基时随时摊铺，这就容易导致摊铺层次不清，路面标高、平整度无法得到控制；这种干压砂砾，成型后不成板体。按照道路施工的一般要求，撼砂厚度应当在20～30cm以上，用压路机分层摊铺、碾压，但在很多施工过程中经常出现一次摊铺和碾压的现象，这种做法导致底基层砂砾密实度达不到工程要求，在这种标高和厚度无法控制的撼砂层上施工，面层的平整度无法得到保证，稳定层本身因此厚度不足，故达不到设计技术要求；有的甚至密实度达不到，无法达到工程施工要求的整体强度，道路路面容易出现质量问题。

（三）市政工程施工材料不合格

市政工程项目在建设时，施工材料一直以来都是其中非常重要的组成部分。如果施工材料质量达不到合格标准，势必会引起一系列质量问题，同时也会导致整个施工过程的进度越来越慢。市政工程现在建设时，选择的材料质量会直接影响整个工程施工质量。由此可以看出，施工材料在整个项目建设中具有非常重要的作用。多数市政工程项目在建设时，施工材料基本上以混凝土为基础。混凝土主要是以砂、水、骨料等原材料相互组合而成，现有原材料当中任何原材料处于缺失状态，或者配比不完整，都会导致整个施工质量受到影响。比如在针对混凝土组成成分进行选择时，非常细小的问题会直接影响到整个施工质量。比如沙粒大小等，对混凝土自身强度都会带来一系列干扰影响。由此可以看出，现有材料自身用量或者质量达不到合格标准要求时，势必会导致整个工程施工存在严重隐患，对整个项目建设造成严重阻碍。

（四）市政工程施工人员施工技术不合格

建设工程项目在规划和建设时，施工人员自身施工技术水平具有非常重要的作用。如果施工人员自身专业技能水平达不到标准要求，势必会引发一系列问题，导致整个施工过程的进度无法得到有效提升，甚至会造成严重经济损失。市政工程项目建设时，施工技术会直接对市政工程建设质量产生影响。市政工程一旦出现一系列质量问题，施工人员自身技术不达标的问题就会相对比较严重。特别是市政工程量一直在不断增加，多数市政工程项目在建设时要保证全方位监督和管理，但是监督管理效果并不是很理想，无法保证工作效率和质量的提升。由此可以看出，技术缺少科学性和合理性，导致整个施工质量无法得到有效控制。比如在施工时，市政工程项目现有施工人员对于材料进行摆放没有严格按照要求进行保管，材料自身具有明显差异性，如果无法按照材料自身类别进行有效保存，势必会引起材料自身质量受损等问题的发生；施工图纸在设计时没有结合现有的进度要求，无形当中导致施工图纸的作用很难发挥出来，对施工质量也会造成非常严重的限制影响。

（五）现有监督管理体系有待完善

市政工程项目在建设时，现有的进度管理体系并不是很完善，导致施工质量管理工作无法落到实处，甚至会影响施工进度。由于近年来市政工程项目的施工量在不断提升，多数市政工程在建设时要想实现对其全方位有效监督和管理相对比较困难。施工单位在提高工作效率时，并没有对施工质量给予更多的关注和重视。由于施工人员处于严重缺失状态，无法引进和利用先进设备。同时对于新入岗人员的培训投入相对比较少，导致在现阶段的市政工程项目建设中，工作人员对于技术的整个操作并不是很熟练，无法为施工质量提供保证。除此之外，企业对于施工人员的整个施工过程无法进行有效的监督和管理，对于市政工程项目的施工质量很难提出有针对性的管理对策。

二、市政道路工程质量监管措施

（一）在材料检查中所采取的措施

市政道路工程的质量与使用的材料密切相关，材料的性能如何，在很大程度上决定着工程的使用和寿命。原材料、管构件的质量对道路工程质量起着决定性作用，是保证施工质量的第一道关口。为最大限度降低环境对工程质量的不利影响，创建优质工程打好基础，构造物不仅要承受较大的荷载，而且常年暴露在大气环境下，经受各种环境复杂变化的影响，对其使用的原材料应给予充分的重视。

项目质量监管部门对工程材料的监管贯穿于工程建设的全过程。在施工过程中，道路工程材料来源渠道往往变化较大，种类复杂，特别是砂、石的来源变化频繁。所有材料在工程验收之前，监管工程师都有权进行检查、抽样测试和复试，对施工单位自行采购的工程材料（如水泥、砂、石集料、钢筋等），必须提供“三证”并按有关标准规定抽样检验，执行见证取样制度，不合格的材料一律不准进入施工现场，应予以清退。在工程材料检查验收工作中，监管工程师要严格控制材料的供应来源，加强对材料的抽检工作，以保证进场材料的质量，把好原材料、管构件质量关。

市政工程项目在建设时要注重对施工材料的质量管理和控制，这样才能够针对施工管理中存在的一系列问题进行妥善处理，为提升施工质量管理效果提供保证。现阶段在我国现有的建筑工程项目建设中，材料质量在其中具有非常重要的作用。由于材料的选择和利用，会直接影响到各环节施工质量，因此在施工前期，要针对材料进行科学合理的选择，与项目建设要求以及各环节施工特点进行结合，实现对各种不同类型材料合理采购。在材料进入施工现场之前，需要对材料进行检测，只有达到合格标准的材料才能够进入施工现场，否则全部返厂处理，避免不达标材料混入到现场被误用而引发一系列的质量问题。由此可以看出，在市政工程项目建设中，只有对符合现实要求的材料进行选择和利用，实现对整个施工质量严格有效的监督和管理，才能够为市政工程项目建设质量提供保证。

（二）在现场施工中所采取的措施

在经济社会，质量管理理所当然地要和经济挂钩，但这只是一种手段，而不是真正的目的，在实际操作过程中，千万不能本末倒置。有一种现象值得重视，那就是好像敲掉多少片梁、砸掉多少个结构物、路基路面返工多少次，就证明质量工作抓得严，质量工作做到家了，这种风气好像还很流行。但如果不分轻重缓急，敲砸成风，那就应该好好深思了。所以，应看到问题的另一面，敲、砸和返工说明质量管理没有做好或做过头了。质量管理措施过左不好，过右也不行，我们一定要保证质量、提高质量、对质量精益求精，措施一定要合理得当、让人心服口服。

质量管理措施要有可操作性，过高、过低都不能解决实际问题。现在指挥部

对项目经理、项目经理部对施工队都有质量管理目标责任状，光有这些大目标还不够，还要将它们具体细化，并确定工程实施过程中的一些质量管理小目标。质量管理措施要强硬有力，不能讲人情，不能拖泥带水，该一票否决就一票否决，没有什么通融的余地。质量管理搞不下去的原因，往往就是已形成的指令被浩瀚的人情海洋所溶解了。平时严格要求项目中所有工程技术人员，对质量问题该说到的必须说到，说到的必须做到，做到的必须记录在案，形成一种凡事有人负责、凡事有章可循、凡事有据可查的良好工作习惯，以良好的工作质量来保证工程质量，达到建设优质工程的目标。质量管理不得力的人该换的要换，不得力的施工队该清退的要清退，决不能心慈手软，否则会给工程质量造成隐患。现在的质量管理体制有一个弊病，就是管理质量的人没有真正的否决权，技术和行政相对来讲还是分家的。

（三）在市政道路工程质量管理中的质量控制

质量控制也是建设工程中最重要的工作，是工程建设项目控制的中心目标。施工是形成工程建设项目实体的阶段，也是形成最终产品质量的重要阶段。所以，施工阶段的质量控制是工程建设项目质量控制的重点，也是施工阶段要合理完成的重要因素。因此，工程建设必须依据国家和政府颁布的有关标准、规范、规程、规定以及工程建设的有关合同文件，对工程建设项目质量形成的全过程各个阶段，如可行性研究、项目决策、工程设计、工程施工、竣工验收五个阶段中的各环节影响工程质量的主导因素进行有效的控制，预防、减少或消除质量缺陷，才能满足使用单位对整个建设工程质量的要求，才能增加施工单位的经济效益。

市政道路的每道工序完工后，必须由施工单位自检自查，合格后填写工序质量报验表，经验收认可方能进入下道工序施工，这是质量控制的关键所在。每道工序检查验收时，严格按照技术规范标准进行，该量尺寸的要量尺寸，该检测试验数据的要检测试验数据，要按所要求的检查频率见证取样。同时，在把好施工工序施工质量关时，要排除外界一切干扰，特别是在工期紧迫的时候，工序质量的检验更不能放松，要把好施工工序、施工质量关。

（四）加强建筑施工人员施工技术培训

市政工程在施工时，要提高对施工人员自身专业技能水平的培训，定期组织人员参与到考核当中，对现有施工管理问题进行妥善处理，这样才能够为施工质量管理水平提升提供保证。在市政工程项目建设中，对施工质量产生影响的主要原因之一是人员自身专业技术水平达不到标准要求。要想从根本上妥善处理该问题，就必须加强对施工人员的专业技能培训。针对目前存在的一系列问题，提前做出有针对性的解决对策，尽可能地降低在整个施工过程中出现的一系列损失影响。保证施工管理工作的全面有序开展，对建筑施工人员的施工技术进行定期考核。除了要对施工人员自身理论基础知识进行考核之外，还要对其自身实践操作能力进行考核，一旦出现问题，可以立即采取有针对性的对策进行处理，以避免造成更加严重的后果。在市政工程项目建设中，要对技术达标的施工人员进行选择和利用。同时，在进入岗位之前，需要对各自的专业技术水平进行测试，这样能够为市政工程施工质量管理效果提供保证。

（五）加强对建筑工程施工过程的监督和管理

市政工程在规划和建设时，要保证施工质量管理工作在其中的有效落实。只有加大对整个施工过程的监督和管理力度，才能够针对目前存在于其中的各类问题进行妥善处理，为施工质量管理效果提升提供保证。市政工程项目在建设时，其自身整体施工质量会直接影响城市内部经济发展，同时对城市内部基础设施建设也会产生一系列影响。建筑施工与施工过程的监督管理之间具有非常密切的联系，因此要加大对整个过程的监督和管理力度。对于建筑人员而言，需要提前对相关数据信息以及资料等有所认识和了解，对建筑资料的意义进行确认，这样才能够保证各环节监督管理工作的全面有序开展。同时，要保证自我约束效果的提升，为了从根本上实现对整个建筑工程施工过程的监督和管理。对于建筑人员而言，需要结合实际情况，与建筑工程特点进行结合，对符合现实要求的施工方案进行科学合理的编制，这样才能够推动企业和人员共同发展。

三、质量管理制度

质量控制的对象是全过程，包括采购过程、生产过程等。控制的结果应使被控制的对象达到规定的要求。为了使被控制的对象达到规定的要求，就要积极采用科学的质量管理方法，健全全面有效的质量管理制度。

（一）质量责任制

建立健全质量责任制。明确领导班子成员的责任，确定每个部门的职责，最后落实到项目每个管理人员，并签订相应的质量岗位责任状，与个人收入挂钩，形成一个由项目经理为主负责、项目技术负责人和项目副经理领导监控、项目部及项目分部各职能部门执行监督、施工班组严格实施的网络化项目组织体系。

（二）技术责任制

建立健全各级技术责任制。正确划分各级技术管理工作的权限，使每位工程技术人员各有专职、各司其事，有职、有权、有责。贯彻执行现行国家、省、市的各项技术政策，科学地组织开展各项技术工作，把技术管理工作的重点集中在实现工程质量和工期目标上。

（三）图纸会审、图纸交底制度

实行图纸会审、图纸交底制度。在正式施工前，项目经理部组织人员核对图纸，与设计单位联系，进一步了解业主要求和设计意图，参加施工图会审，接受各部门提出的建议，完善设计内容。在施工前，对全体施工管理人员进行图纸交底。

（四）施工组织设计、施工方案的编制及审批制度

实行施工组织设计、施工方案的编制及审批制度。开工前，根据工程特点，制订需编制施工组织设计、施工方案的清单，明确时间和责任人。每个施工组织设计或施工方案的实施均要通过提出、讨论、编制、审核、修改、定稿、交底、实施等步骤进行。

（五）技术复核和技术交底制度

建立健全技术复核和技术交底制度。施工前，应认真组织进行图纸初审和会审，编制施工方案，在做好三级技术交底工作的基础上，强化对关键部位和影响工程全局的技术复核工作，以减少和避免施工误差。

（六）工程质量检验验收制度

建立严格的工程质量检验验收制度。每一项分项工程或检验批施工完后，应先由施工班组自检，再由项目分部或分包单位技术负责人组织有关施工员、质检员、班组长进行互检和交接检，最后由项目部和监理工程师组织验收。同时，公司、项目经理部、项目分部对工程项目实施三级检查，对质量进行层层把关。特别是建立工程质量验收制度，可加强工程施工质量，保证每道工序均达到合格及以上，以最终达到工程优质目标。可合理安排协调分包单位、监理、项目经理部三方的工程报验工作，提高报验的效率及质量，以保证工程施工进度的顺利进行。分项工程验收管理规定：

1.凡项目分部或分包单位需报验收的工程，必须先由项目分部或分包单位技术负责人组织工长、技术交底人员对该工序进行内部联合检查，合格后按照有关规定填写报验资料上报项目质量部门。

2.实行工程项目的计划报验制，质量部门根据各项目分部或分包单位的报验计划进行统筹安排，有计划地约请监理组织三方现场验收。在某些特殊情况下，急需验收的由质量部门具体安排。

3.各项目分部或分包单位验收人员根据验收计划安排按时到指定地点等待验收，并携带报验项目的自检记录单，无自检记录单者项目部质检人员拒绝验收，并认定验收该项目一次不合格。

4.为了加强现场验收的严肃性，验收项目第一次不合格，质量部门将填写存在问题通知单，并要求整改后进行二次报验。凡第二次报验的不合格项目，其中仍存在第一次报验时质量问题未落实整改的，将给予一定金额的罚款处理，同时对该项目施工负责人罚款，并召开现场质量会。

5.报验资料和自检记录单必须真实反映实际，经验收，实际情况与自检记录单出入过大，验收认定不合格，将给予罚款处理。

6.对重要工序或业主要求参加验收的工序，由监理约请业主参加验收。对需要设计部门、勘探部门、政府监督部门参加验收的项目，由项目经理部提前约请参加，并办理签认手续。

7.工序验收合格并在各方手续齐全后，由质量部门从监理处索取，并返还质检员和资料员存档。

参考文献

[1]张联权.城市轨道交通客运组织[M].成都：电子科技大学出版社，2019.

[2]杨舟，李雯.城市轨道交通客运组织[M].北京：中国建材工业出版社，2016.

[3]肖艳阳.城市道路与交通规划[M].武汉：武汉大学出版社，2019.

[4]李朝阳.城市交通与道路规划（第2版）[M].武汉：华中科学技术大学出版社，2020.

[5]白维，梁宇，巴大为.城市道路施工与养护[M].长春：东北师范大学出版社，2018.

[6]李继业，董洁，张立山.城市道路工程施工[M].北京：化学工业出版社，2017.

[7]王显根，庞京春.城市道路工程施工质量与安全管理[M].徐州：中国矿业大学出版社，2019.

[8]袁猛，张传刚，李桩.城市道路桥梁建设与土木工程施工管理[M].长春：吉林科学技术出版社，2018.